新版 情報工学科学生のための
集積回路工学の基礎

寺田和夫 著

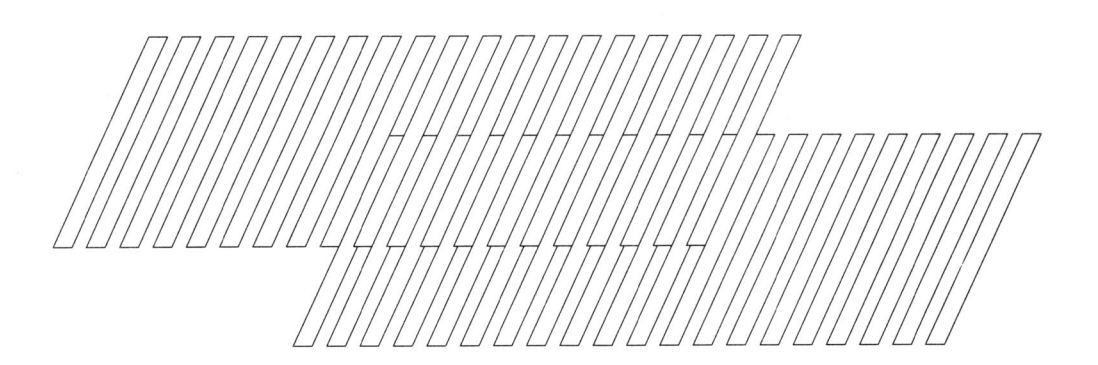

大学教育出版

目　次

　　　　　　まえがき　　　　　　　　　　　　　　　　　　　　　1
§1　集積回路の概要　　　　　　　　　　　　　　　　　　　　2
　　　(1.1)言葉の定義、(1.2)集積回路と関連技術の発展、
　　　(1.3)集積回路製造プロセスの例、(1.4)集積回路の設計、
　　　(1.5)演習問題
§2　バンド図とｐｎ接合ダイオード　　　　　　　　　　　　　9
　　　(2.1)バンド図の復習、(2.2)不純物半導体の電位分布、
　　　(2.3)ｐｎ接合ダイオード、(2.4)回路素子としてのｐｎ
　　　接合ダイオード、(2.5)集積回路構造とダイオード、
　　　(2.6)演習問題
§3　ＭＯＳＦＥＴの動作原理　　　　　　　　　　　　　　　15
　　　(3.1)ＭＯＳダイオード、(3.2)ＭＯＳＦＥＴ、
　　　(3.3)グラデュアルチャネル近似、(3.4)ピンチオフ、
　　　(3.5)基板電圧の効果、(3.6)Ｃ－Ｖ特性、(3.7)演習問題
§4　ＭＯＳＦＥＴの基本特性1　　　　　　　　　　　　　　24
　　　(4.1)ＭＯＳＦＥＴの電流特性近似式、(4.2)パラメータ
　　　βとV_{TH}、(4.3)インバータ動作、(4.4)電流飽和特性、
　　　(4.5)移動度、(4.6)サブスレッシュホルド特性、
　　　(4.7)耐圧特性、(4.8)演習問題
§5　ＭＯＳＦＥＴの基本特性2　　　　　　　　　　　　　　31
　　　(5.1)導電型、(5.2)ＣＭＯＳインバータ、
　　　(5.3)チャネルドープ、(5.4)基板電圧効果、(5.5)電極間容量、
　　　(5.6)短チャネル効果と狭チャネル効果、(5.7)スケーリング則、
　　　(5.8)演習問題
§6　ＭＯＳインバータ　　　　　　　　　　　　　　　　　　38
　　　(6.1)インバータ、(6.2)直流伝達特性、(6.3)Ｅ－Ｅ構成
　　　インバータ、(6.4)Ｅ－Ｄ構成インバータ、(6.5)演習問題
§7　ＣＭＯＳ論理回路　　　　　　　　　　　　　　　　　　44
　　　(7.1)ＣＭＯＳ構成インバータ、(7.2)論理ゲート
　　　(7.3)論理ゲート設計演習
§8　インバータの性能　　　　　　　　　　　　　　　　　　50
　　　(8.1)インバータに要求される性能、(8.2)ＣＲ時定数に
　　　ついて、(8.3)ゲート遅延、(8.4)回路シミュレーション、
　　　(8.5)消費電力、(8.6)その他の性能、
　　　(8.7)スケーリング則と性能(8.8)演習問題
§9　製造プロセスとレイアウト　　　　　　　　　　　　　　57

　　　　(9.1)製造プロセスの概要、(9.2)デバイス設計
　　　　(9.3)ＭＯＳＬＳＩの製造プロセス、(9.4)リソグラフィ
　　　　(9.5)成膜技術、(9.6)エッチング技術
　　　　(9.7)不純物添加技術、(9.8)演習問題
§１０　　各種要素回路とレイアウト演習　　　　　　　　　　　65
　　　　(10.1)論理ゲートのレイアウト、(10.2)組み合わせ論理
　　　　回路、(10.3)順序論理回路、(10.4)信号転送回路
　　　　(10.5)レイアウト演習
§１１　　ＭＯＳ以外の集積回路　　　　　　　　　　　　　　　70
　　　　(11.1)バイポーラの特徴、(11.2)バイポーラ論理回路
　　　　(11.3)バイポーラＣＭＯＳゲート、(11.4)各種論理ゲート
　　　　の性能比較、(11.5)その他のデバイス
§１２　　各種集積回路　　　　　　　　　　　　　　　　　　　75
　　　　(12.1)メモリの分類、(12.2)ＤＲＡＭ
　　定数表　　　　　　　　　　　　　　　　　　　　　　　　　85

まえがき

　　　この本は広島市立大学情報科学部の学生を対象にした1セメスタ分の「集積回路」の講義をまとめたものである。集積回路は各種情報処理装置の主たる構成要素であるため、その知識は情報関係ハードウエアを理解するのに必要なものである。集積回路内部では情報を電気信号として取り扱うため、その性能は電気回路によって決まり、その電気回路の性能はそれを構成するために使われる多くの技術によって決まる。この本ではそれらの多くの技術の中から、情報を電気信号と結び付けて取り扱う回路技術、その回路要素を物質の性質を利用して作り出すデバイス技術を中心に説明し、さらに集積回路を作るのに必要な製造プロセス技術とマスクレイアウトについて必要な事柄を付け加える。

　　　最近では自動設計技術が進み、プログラムを組むようにしてＬＳＩを設計することができる。レイアウト、回路、論理ゲートなどの下層の設計が自動化されているので、機能ブロック、システム構成などの上層の設計だけをすればよいからである。特殊なＬＳＩならばそのような設計でも製品になるかもしれない。しかし、本当に製品として使える優れたＬＳＩはそのようなものではない。限界まで性能を高めて競争力をつける必要があるからである。優れたＬＳＩを設計するためには、どのようにしてその性能が決まるかを知っていることが必要である。

　　　本講義を受講する学生は電気回路、デバイス物理、論理回路などの基礎科目を習得しているものと仮定する。特に、情報系の学生の場合、論理数学や論理回路に関する基礎がしっかりしていると考えられるので、それらは完全に習得しているものと仮定する。電気回路およびデバイス物理に関しては、ある程度の基礎があれば理解できるように、本講義の初めの部分で重要なＣＲ回路やＭＯＳＦＥＴについて復習をする。

　　　講義は３つの部分からなる。第１の部分は、ＬＳＩを構成するＭＯＳＦＥＴの構造と動作を学ぶ。この部分には「デバイス物理」の基礎的な知識が必要である。第２の部分はＭＯＳＦＥＴで構成した論理ゲートなどの基本的な回路を学ぶ。この部分には「電気回路」、「論理回路」の知識が基礎として必要である。以上２つの部分では、ＬＳＩを構成する基本論理ゲートの性能が、どのようにデバイス技術と回路技術と関係しているかを理解する。最後に、ＬＳＩの製造技術とマスクレイアウトを概観する。ＬＳＩの構造は製造プロセスとマスクレイアウトによって決定される。そのため、ＬＳＩとしてコンピュータを実現するためには、設計データを適当な製造プロセスに合ったマスクレイアウトデータに変換する必要がある。その製造方法とレイアウト設計を概観する。

§1 集積回路の概要

(1.1) 言葉の定義

　　　集積回路とは、「全体を同時一括生産され、かつ高密度に詰込んだ回路」である。そのため、「小形」、「高信頼」、「低価格」、「高速」という特徴を実現できる。回路を微細化して高密度に詰込んだものであるから、当然「小形」である。また、全体を同時一括生産するから、従来のプリント基板上に回路素子を半田装着するよりもはるかに「低価格」である。そのことは同時に従来の回路の信頼性を支配していた半田ミスの可能性をなくし、「高信頼」性をもたらした。回路が小型であることは信号線が短く、負荷容量が小さいことであるため、「高速」動作を容易にする。

　　　今後使われる集積回路を分類する言葉を簡単に説明する。
- **ハイブリッドとモノリシック**：全体を同時一括生産された集積回路は小さい半導体片（チップ）であるため、そのままでは壊れやすく、装置に組み込むことが難しい。そのため、適当なパッケージに組み込まれるのであるが、その組み込み技術を使って、複数のチップを１つのパッケージに組み込んだものをハイブリッド集積回路と呼ぶ。それに対してモノリシックは１チップ１パッケージのものであり、全体を同時一括生産された本来の集積回路である。
- **デジタルとアナログ**：内部で取り扱う電気信号がデジタルかアナログかによる集積回路の分類である。コンピュータ関係の集積回路はほとんどデジタルである。「ロジックとメモリ」機能による集積回路の分類。デジタル集積回路の一部である。
- **ＭＯＳとバイポーラ**：回路を構成するトランジスタがＭＯＳＦＥＴかバイポーラトランジスタかによる分類。以上３分類に関しては１チップ上に混載しているものもある。
- **シリコンと化合物**：半導体の種類がシリコンかＧａＡｓなどの化合物半導体かによる分類。
- **汎用と専用（カスタム）**：メモリやマイクロプロセッサのような標準的な汎用品と使用目的が特定された専用品による分類。汎用品は一般に量産されるため設計にコストを掛け、その分高性能化、低製造コスト化を図った製品となる。専用品は逆に小量生産のため性能を犠牲にしても、設計の低コスト化、開発の迅速化を図った製品となる。

(1.2) 集積回路と関連技術の発展

　　　歴史上重要なトピックスとしては

　　　　１９４８年：接合トランジスタの発明（ショックレー）
　　　　１９５９年：ＭＯＳＦＥＴ、モノリシックＩＣの発明（キルビー、ノイス）
　　　　１９６１年：プレーナ技術（フェアチャイルド）
　　　　１９７２年：１ＫＤＲＡＭ、４ビットマイコン開発（インテル）
などがある。集積回路のアイデアは１９５９年に出願された特許にあり、それが６１年のプレーナ技術の発明で実現可能になった。１ＫＤＲＡＭの製品化によってコンピュータのメインメモリが磁気コアから半導体に置き換わるようになった例にも見られるように、ある程度集積規模が大きくなると、集積回路の需要が着実に伸びるようになる。その結果、例えばＤＲＡＭの場合には３年で４倍の割合で高集積化されるように、集積回路の高集積化が進展した。

　　　３年で４倍の高集積化の実現には着実な需要の伸びと共に、それを実現する各種技術の進展が重要な役割を果たしている。集積回路の高集積化には「加工寸法減少」、「チップ面積増大」、「デバイス構造の改良」、「設計の高度化」などいろいろな事柄が寄与している。

(1.3) 集積回路製造プロセスの例

　　　集積回路の製造プロセスは平面形状を積み重ねるプレーナ技術で構成されている。プレーナ技術は基本的には(1)薄膜形成、(2)リソグラフィ、(3)エッチング、(4)不純物添加の４種類の工程の組合せで構成されており、(2)リソグラフィによって平面形状を決め、それに他の３工程を組み合わせることによって３次元のデバイス構造を形成する。図1-1はｎチャネルＭＯＳＩＣの基本的な部分の製造プロセスを示す。これを用いてプレーナ技術を説明する。図の２、３の工程が(1)薄膜形成に対応する。図の４の工程は(2)リソグラフィと(3)エッチングによって、平面形状を窒化膜に転写したところを示す。その後(4)不純物添加と酸化（これも薄膜形成と考えられる）によって、図の７のように素子が形成される活性部と素子分離のフィールド部が作られ、３次元的な構造が得られる。以下同様に、ゲート電極、コンタクト孔、アルミ配線の合計４つの平面形状と各種工程を組み合わせて最終的にＭＯＳＦＥＴの構造が得られる。

　　　(1)薄膜形成は均質な種々の材料の膜を形成することである。半導体は不純物に敏感なため、材料の種類は制限され、高純度であることが要求される。シリコンを熱酸化すると良質の酸化シリコン膜が得られる。この膜が非常に有用なことが半導体の中でシリコンが広く使われる原因になっている。(2)リソグラフィは写真技術を用いて平面形状をウエハ表面に塗布された感光剤（フォトレジスト）に転写する技術である。(3)エッチングは前記薄膜あるいはシリコンを除去する技術である。リソグラフィと組み合わせることによってウエハ表面に平面形状を刻み付ける

1) p型シリコン基板

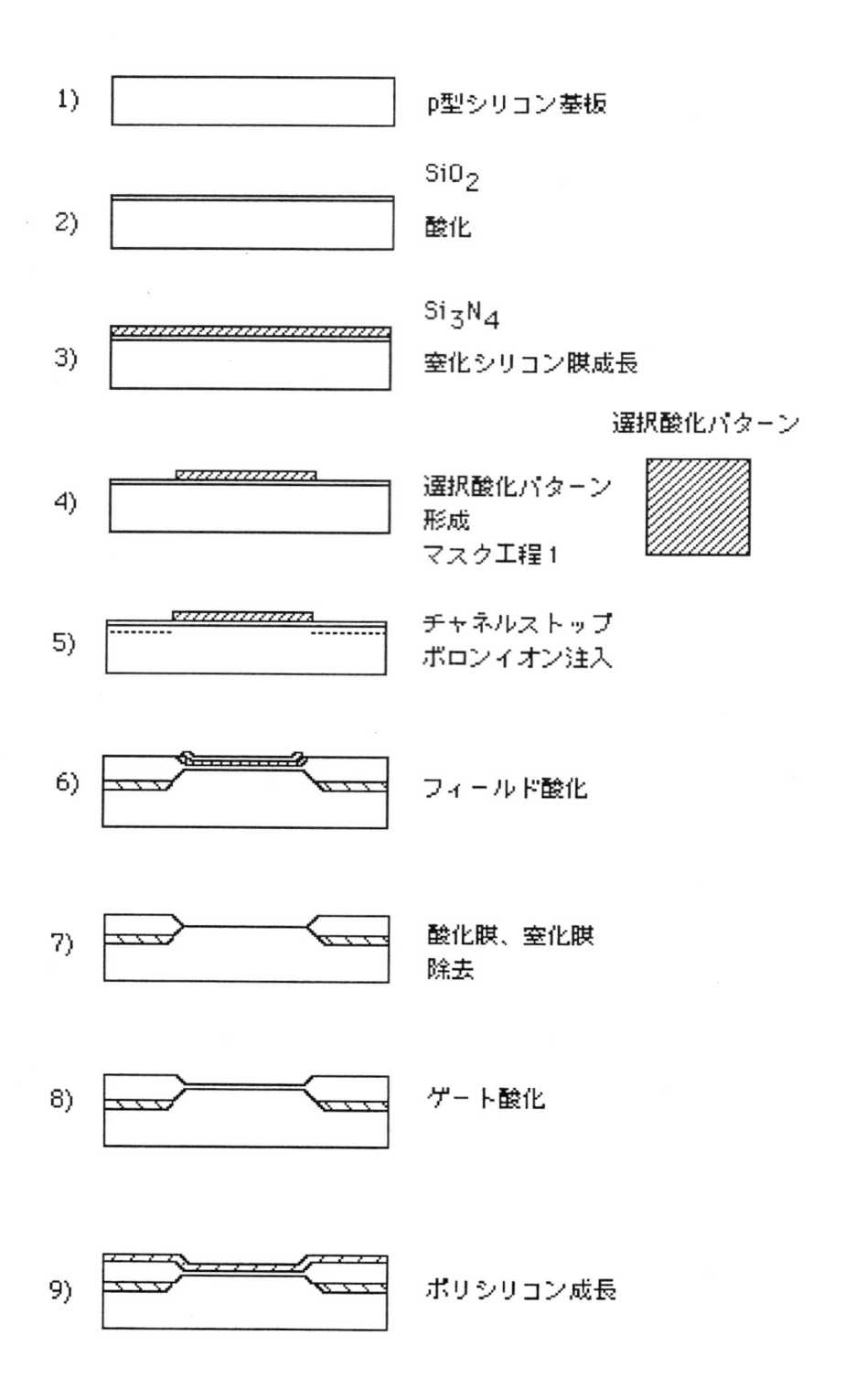

2) 酸化 SiO₂

3) 窒化シリコン膜成長 Si₃N₄

4) 選択酸化パターン形成 マスク工程1　　選択酸化パターン

5) チャネルストップ ボロンイオン注入

6) フィールド酸化

7) 酸化膜、窒化膜除去

8) ゲート酸化

9) ポリシリコン成長

図1-1「nチャネルMOSIC製造工程（1）」

10) ゲートポリシリコン
パターン形成
マスク工程2

11) 酸化膜エッチング

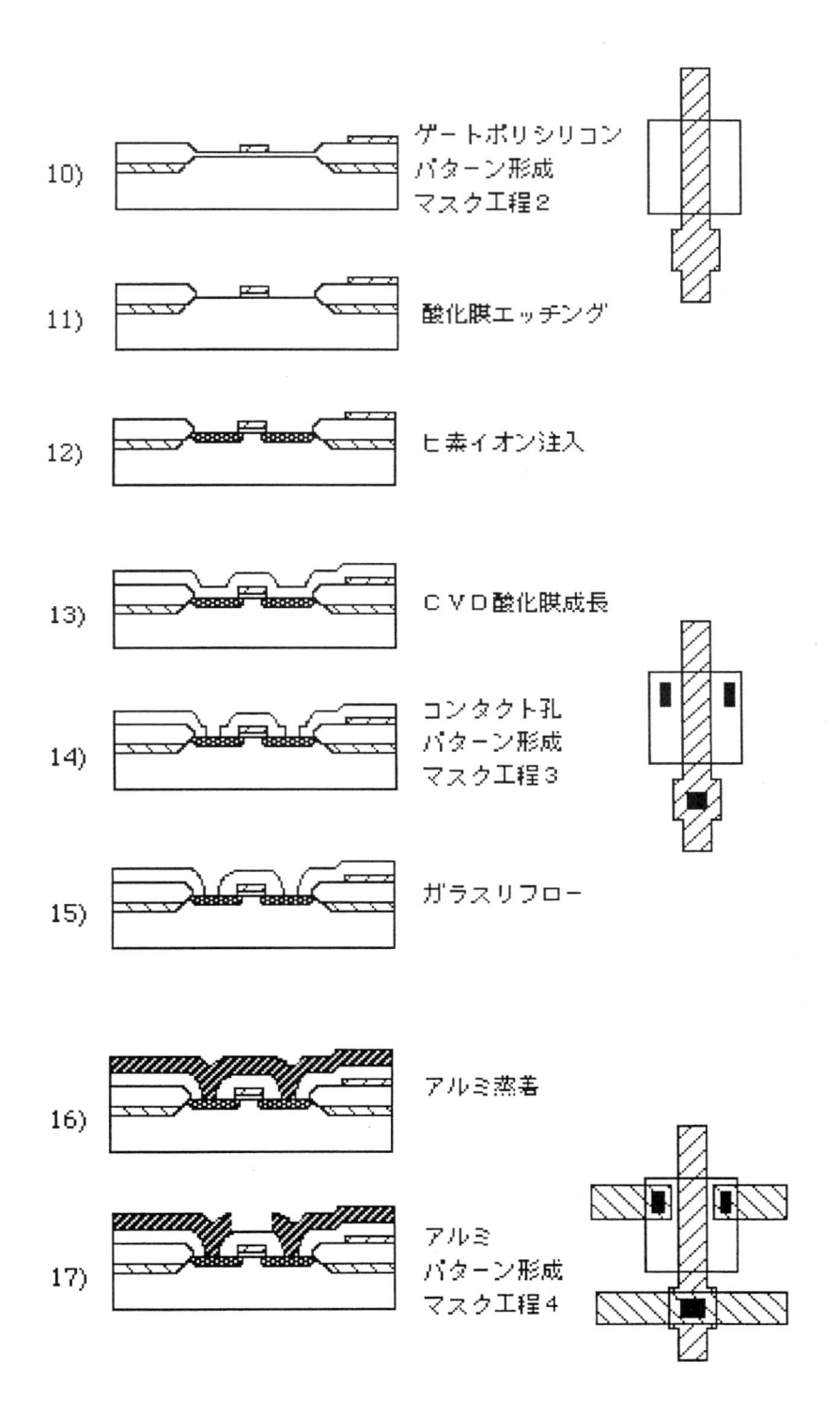

12) ヒ素イオン注入

13) ＣＶＤ酸化膜成長

14) コンタクト孔
パターン形成
マスク工程3

15) ガラスリフロー

16) アルミ蒸着

17) アルミ
パターン形成
マスク工程4

図1-1「ｎチャネルＭＯＳＩＣ製造工程（２）」

ことができる。また、材料によってエッチングの速度が異なることを利用して、ウエハ表面にある特定の種類の材料を除去する場合にも使われる。(4)不純物添加は外部から不純物を添加して、その部分の半導体の導電型（ｐ型あるいはｎ型）を制御する技術である。

(1.4)集積回路の設計

上記のように集積回路の構造はリソグラフィで決まる平面形状と製造プロセスによって決まる。そのうち製造プロセスは大きく変更することが難しいので、通常は標準的なものが作られ、それが多くの種類の集積回路に共通して使われる。そのため、集積回路の設計とは通常、上記平面形状を決めるマスクレイアウトを得るための設計を意味する。図1-1でもわかるように、１つのＭＯＳＦＥＴのマスクレイアウトさえ複雑なものである。一方、ＬＳＩの中には１チップ内に１００万以上のトランジスタが集積されているものもある。そのため、集積回路を間違えなく設計し、正しいマスクレイアウトを得ることは容易ではない。通常、正しいマスクレイアウトを得るため、設計の階層化、自動化が行われる。

集積回路の構造の記述方法として、例えば図1-2に示されるように、「機能ブロック」、「論理ゲート」、「回路」、「デバイス」というものがある。以後、これらの階層に分けて集積回路設計を考える。情報関係の学科では論理回路やそれよりも上位構造に関する部分は他の科目で講義されるはずである。よってここではそれよりも下位に位置する回路、デバイス構造について学習する。

回路構造は各デバイスの電気的な結線構造を表現したものであり、それからは電圧や電流などの電気量の時間変化を計算できる。そのため回路構造からは、集積回路の電気的性能を表す重要な量である動作速度、消費電力などを正確に見積もることができる。このようなことは論理ゲートレベル以上の構造だけからでは不可能である。回路構造からその電気的性能を正確に見積もるためには、そこに使われている回路素子の電気的特性が正しくなければならない。それは回路素子を構成するデバイスの電気的モデルが正しいことであるが、そのような正しいデバイスモデルを得るには、デバイス構造すなわち、実際の集積回路の物理的な構造まで考慮する必要がある。

自動設計は下位の設計を自動的に行うものである。そのため自動設計プログラムを使用すれば、機能ブロックの構造をコンピュータのプログラムを作るようにして記述すれば、マスクレイアウトデータを得ることができる。この場合、回路構造やデバイス構造を考慮する必要はない。それらは自動設計プログラムを作成した人が考慮して、プログラムの中に取り入れている。しかし、回路構造やデバイス

構造を全く考慮せずに、自動設計プログラムに頼っていいものだろうか。いや、そのようなことはない。例えば集積回路の限界性能を引き出すためには、下位の設計までを含めた最適化が必要である。また、設計条件がそれほど厳しくない場合でも、設計において回路構造やデバイス構造を考慮することは、より高性能の集積回路を設計するために必要である。性能という設計の重要な部分を無条件で自動設計プログラムを作成した人に委ねるようなことはすべきでない。

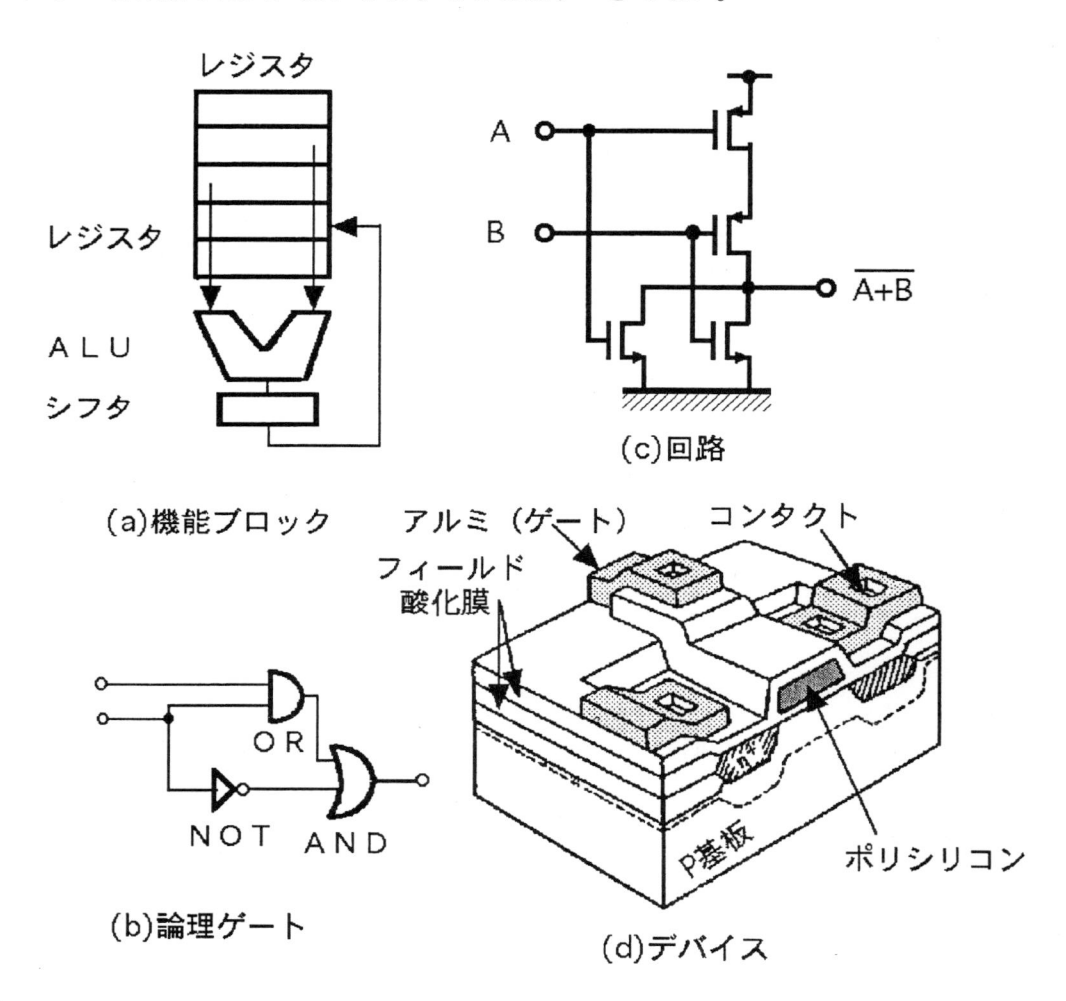

図 1-2「集積回路構造の記述」

　　今やコンピュータを設計するとは集積回路を設計することとほぼ同じことになっている。そのため、性能を考慮したコンピュータを設計するためには集積回路の下層構造を理解しておくことが重要である。本講義の目的は、コンピュータ技術者が集積回路の下層構造を理解することにある。そのため、回路とデバイスという下層構造を中心に講義を進める。

(1.5)演習問題

[1] 図のような回路で、十分長い時間スイッチを下に倒してＳ点の電位を v_0 に充電しておいてから（この場合 $v(0)=0$ と見なしてよい）、 $t=0$ においてスイッチを切り換えＳ点の電位を瞬時に v_0 から 0V に変化させた。$0<t$ における $v(t)$ を求め、グラフでその概略を示せ。

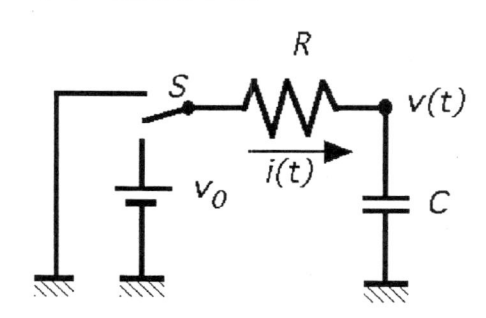

[2] 長さ 1cm の半導体試料に 2V の電圧を加えたとき、ホールのドリフト速度が 10^3cm/sec であった。ホールの移動度を求めよ。

[3] ｐｎ接合のバンド構造の大体の形を図示せよ。次に、ｐｎ接合ダイオードの順方向電流が $e^{\frac{qV}{kT}}-1$ に比例することを、半導体中の電子の統計的な分布を表わすフェルミ・ディラックの分布関数が

$$f(E) = \frac{1}{1+e^{\frac{(E-E_F)}{kT}}} \approx e^{-(E-E_F)/kT}$$

となることを用いて説明せよ。なお、ここで E は電子のエネルギ、E_F はフェルミ準位、k はボルツマン定数、T は絶対温度、q は電荷、V は順方向電圧である。

§2　バンド図とpn接合ダイオード

(2.1) バンド図の復習

　　　バンド図は半導体内の位置を横軸で、その位置におけるエネルギを縦軸で表わす。これは原子や結晶内部の電子がクーロン力によってそこに束縛されている状態を表わしたポテンシャル井戸の考え方からきている。例えば、電子が図2-1(a)に示されるバンド図にある場合を考える。電子は位置エネルギと運動エネルギを持っており、前者は縦軸上の基準点から禁制帯の上端までの高さの差として、後者は電子の位置と禁制帯の上端までの高さの差として表わされる。電子の分布はそのエネルギに依存し、それを決めるバンドの形は半導体内部の構造から決まる。そのため、バンド図は半導体内部の構造とそこにおける電子の分布とを関係づける。

　　　常温における電子は禁制帯の上を転がっているボールのようであり、ホールは禁制帯でつかえている風船のようである。バンド図では電子が引きつけられる方向を縦軸の下の方に向け、横軸で1次元的な位置を表わす。平衡状態の電子の分布は、図2-1(b)のように、状態密度$g(E)$と分布関数$f(E)$の積で与えられる。よく知られているように、$g(E)$は禁制帯中ではゼロで、伝導帯中では$\sqrt{E-E_c}$の形をしている。$f(E)$は厳密にはフェルミ分布であるが、常温のそれは$e^{-(E-E_F)/kT}$で表わされるボルツマン分布で近似できる。そのため、伝導帯の電子は禁制帯の端から伝導帯（上）へ向かって指数関数分布をしており、ほとんどがその底の部分にいる。すなわち、電子は禁制帯の上を転がっているボールのようである。価電子帯におけるホールの分布は上下逆さまにした場合の電子と同様であるから、禁制帯でつかえている風船のようである。

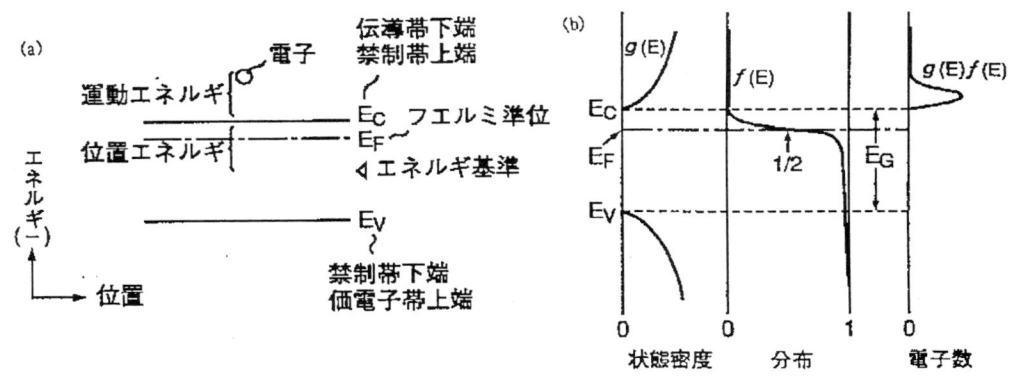

図2-1「バンド図の見方」

(2.2) 不純物半導体の電位分布

不純物をドープした半導体は、ある程度の伝導度を持っているため、次のような場合を除き、そのバンドはほぼ水平になる。その場合とは(1)半導体内部のキャリア分布が著しく変化している場合と、(2)半導体外部からの影響が大きい場合である。ただ、バンド図は半導体内部でのキャリア分布を求めるために使うものであるから、外部からの影響で半導体内部のキャリア分布が決まるような場合には、それを考える意味はない。だから、上記(2)の場合としては、外部とのキャリアの出入りが少ない場合に限定することができる。

空間電荷がバンドを曲げる。(1)半導体内部のキャリア分布が変化している場合、キャリアは拡散によって移動し、残されたイオンが空間電荷を作る。例としてｐｎ接合部におけるバンドの曲りがある（図2-2(a)）。(2)外部から電界が加わるがキャリアの出入りが少ない場合、キャリアはその電界によって移動し、その跡を埋めるキャリアが外部から注入されないので、やはり残されたイオンが空間電荷を作る。例としてＭＯＳダイオード表面でのバンドの曲り（図2-2(b)）がある。

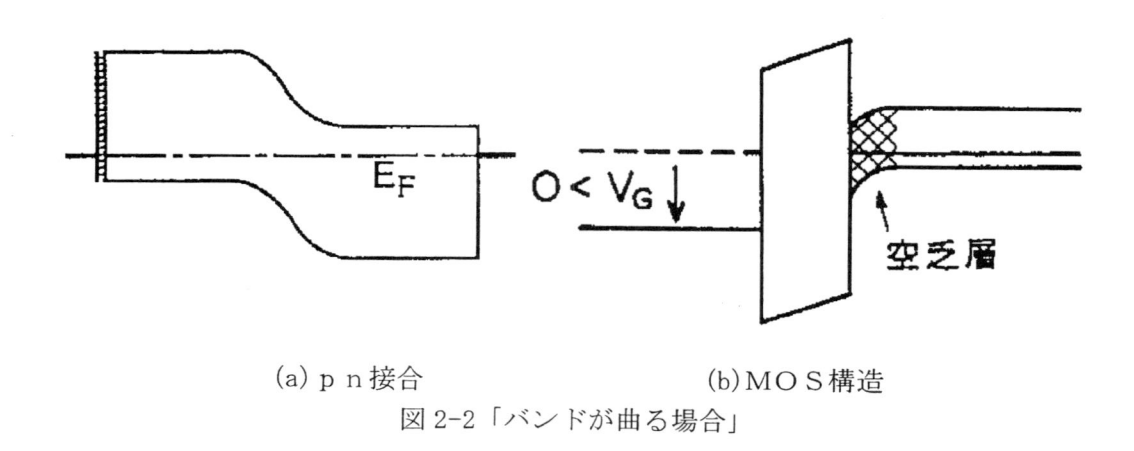

(a) ｐｎ接合　　　　　　　　(b) ＭＯＳ構造

図 2-2 「バンドが曲る場合」

不純物濃度がバンドの曲り具合を決め、それが高いほど曲がりは急で、低いと緩やかである。バンドはその場所の電子の位置エネルギを表しているから、その形（曲り）は比例定数 $-q$ でその場所の電位分布に比例する。さらに空間電荷のある部分の電位分布は、空間電荷を右辺とするポアソンの方程式の解で表わされる。よって、バンドの曲がりは空間電荷の分布から計算できる。通常、空間電荷はバンドが曲がった部分にのみ分布し、その濃度はその部分の正味の不純物濃度と同じであるという近似が使われる。この近似は「空乏層近似」と呼ばれ、半導体デバイスの特性を近似計算する場合に広く使われている。結局、空乏層近似のもとでは不純物濃度というデバイス構造を決める量が、デバイスの電気的特性を支配するバンド

の形を決めることになる。1次元かつ不純物濃度が一定の場合、ポアソンの方程式は2階の微分方程式になる。そのため、その解であるバンドの曲がりは2次曲線になり、その曲がりは不純物濃度が高いと急で、低いと緩やかである。

(2.3) pn接合ダイオード

　　　　pn接合の両側でビルトイン電圧分の電位差が生じる。pn接合ではホールが高濃度にあるp型半導体と電子が高濃度にあるn型半導体が接している。そのため、ホールはpからn型半導体へ、電子はnからp型半導体へそれぞれ拡散し、p型半導体には負電荷を持つアクセプタイオンが、n型半導体には正電荷を持つドナーイオンがそれぞれ残される。これらイオンが空間電荷を構成し、その結果平衡状態ではフェルミ準位が水平になるまでバンドが曲がる。このバンドの曲りの大きさはビルトイン電圧と呼ばれる次式で与えられる。

$$V_{BI} = \phi_{fP} + \phi_{fN} \tag{2-1}$$

この式でϕ_{fP}、ϕ_{fN}はそれぞれp、n型半導体のフェルミ準位とバンド中央とのエネルギ差(>0)を電子の電荷qで割った電位差（フェルミ電圧と呼ばれる）で、次式で表わされる。

$$\phi_{fP} = \frac{kT}{q}\ln\left(\frac{N_A}{n_i}\right) \tag{2-2}$$

$$\phi_{fN} = \frac{kT}{q}\ln\left(\frac{N_D}{n_i}\right) \tag{2-3}$$

この式でkはボルツマン定数、Tは温度、N_Aはp型半導体のアクセプタ濃度、n_iはシリコンの固有キャリア濃度、N_Dはn型半導体のドナー濃度をそれぞれ表わす。

　　　　運動エネルギを持ったキャリアはpn接合のエネルギ障壁を飛び越えることがある。キャリアの分布はボルツマン分布で近似でき、伝導帯あるいは価電子帯には確率は低くても大きい運動エネルギを持ったキャリアが存在する。そのようなキャリアは当然運動しているから、ある点のキャリアの分布はその点近辺のキャリア分布に影響を及ぼす。そういう意味で、n型領域の電子の分布はpn接合とその近辺のp型領域の電子の分布に影響する。n型領域の伝導帯にいる電子が大きい運動エネルギを得て、pn接合を越えて、p型領域に飛び込んで来ることがあるからである。

　　　　n型領域の電子がpn接合の電位障壁を跳び越えられる程の運動エネルギを持つと、その電子はp型領域の中に入り、そこでホールと再結合する場合がある。これはpn接合のもれ電流として測定される。通常平衡状態においてはこのようなもれ電流は極めて小さく、そのような運動エネルギを持つ電子の存在確率は小さい。しかし、もし外部からバイアスを加えてpn接合間の電位障壁を下げると、その障

壁を跳び越えることのできる電子の数は、電子のボルツマン分布から導かれる、電圧の指数関数として増大する。これがｐｎ接合ダイオードの順方向電流特性になる。真性シリコンのキャリア密度 $n_i \sim 1\times10^{10} \mathrm{cm}^{-3}$ であり、ｐ型不純物の濃度が N_A のシリコンでは $p \sim N_A$、$n \sim n_i^2/N_A$ である。例えば $N_A = 10^{16} \mathrm{cm}^{-3}$ の場合、$p \sim 10^{16} \mathrm{cm}^{-3}$、$n \sim 10^4 \mathrm{cm}^{-3}$ となる。少数キャリアの数は多数キャリアの数に比べて桁違いに小さい。

既に学んだように、不純物濃度 N_A のｐ型シリコンと N_D のｎ型シリコンのｐｎ接合の場合、接合部の空乏層幅が

$$W = \sqrt{\frac{2K_S \varepsilon_0 V_{BI}}{q}\left(\frac{1}{N_A} + \frac{1}{N_D}\right)} \tag{2-4}$$

となり、電流密度が

$$J = J_S\left(e^{\frac{qV}{kT}} - 1\right) \tag{2-5}$$

となる。ここで K_S はシリコンの比誘電率、ε_0 は真空の誘電率、

$$J_S = q\left(\frac{D_p p_n}{L_p} + \frac{D_n n_p}{L_n}\right),$$

V はｐｎ接合に外部から加えた順方向電圧、D_p、D_n はそれぞれホールと電子の拡散係数、p_n、n_p は少数キャリアとしてのホールと電子の密度、L_p、L_n は拡散長をそれぞれ表す。(2-5)式は、ｐｎ接合に流れる順方向電流は平衡状態のｐｎ接合の電位障壁を飛び越えるキャリアによる電流密度 J_S に、外部バイアスによるその増大分 $e^{\frac{qV}{kT}}$ を掛けた値になることを示している。J_S の値はｐｎ接合に流れる逆方向電流の大きさであり、少数キャリア密度に比例した非常に小さい値である。

(2.4) 回路素子としてのｐｎ接合ダイオード

図 2-3 はｐｎ接合ダイオードのデバイス構造、回路記号、電流電圧特性、容量電圧特性を示したものである。(2-5)式において $V \ll -\frac{kT}{q}$ の場合にはカッコ内の第１項が無視できるため、$J \sim J_S$ と近似できる。J_S の値は非常に小さいため、ダイオード逆方向電流は非常に小さいほぼ一定の値になる。$-\frac{kT}{q} \leq V \leq \frac{kT}{q}$ においては(2-5)式カッコ内の両項が同程度の大きさのため、電流値は変化するものの、その値自体は小さい。$\frac{kT}{q} \leq V \leq V_{BI}$ ではカッコ内の第１項が１よりも十分大きくなり、$J \sim J_S e^{\frac{qV}{kT}}$ と近似できる。しかし、その値自体はまだそれほど大きくない。$V_{BI} \leq V$ では J は大きい値となり、V の指数関数で急激に増大する。以上の結果、図 2-3(d)のように、一方向にのみ電流を流す非線形の電流電圧特性が得られる。

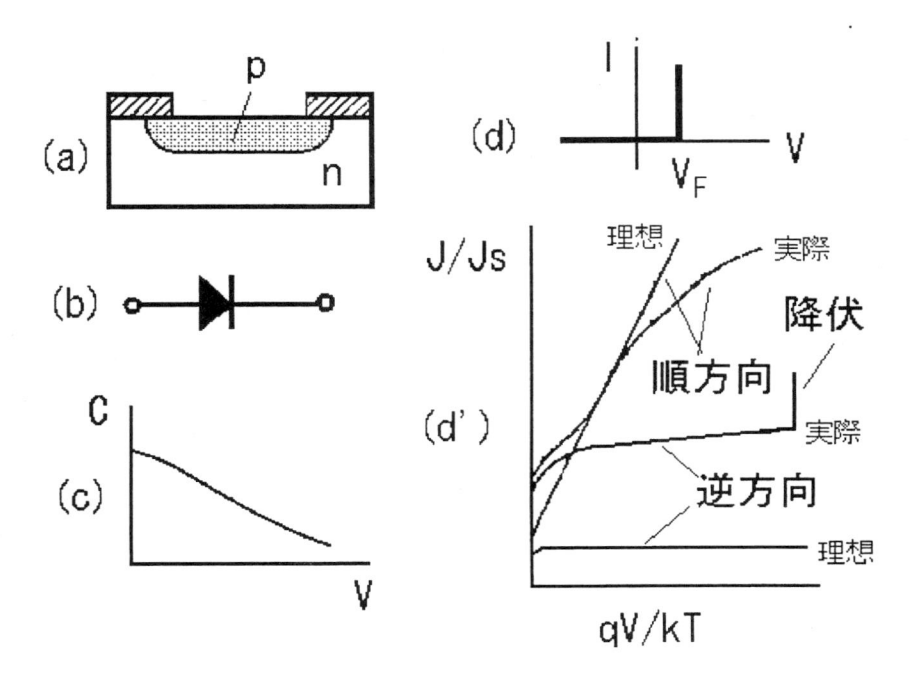

図2-3「pn接合ダイオードの構造と特性」
(a)デバイス構造、(b)回路記号、(c)容量電圧特性、(d)電流電圧特性

　　　回路素子としてのダイオードの理想特性は順方向には抵抗ゼロで、逆方向には抵抗無限大である。しかし、実際のダイオードでは順方向のオフセット電圧 V_{BI}（図2-3では V_F）、逆方向のもれ電流 J_S があり、さらに順方向の抵抗はゼロではなく $e^{\frac{qV}{kT}}$ の形をした電流電圧特性を持つ。さらに(2-5)式はpn接合ダイオードの電流電圧関係式を理想的な条件下で求めたものであり、実際のpn接合ダイオードで上記以外にも理想から外れた特性があることに注意する必要がある。例えば、図2-3(d')に示されるように、理想から外れたもれ電流成分の存在、大電流領域におけるここで用いた少数キャリア近似の悪化、降伏の存在などである。

　　　pn接合ダイオードの容量は接合部に形成される空乏層の容量である。それは(2-4)式を用いて $C=K_S\varepsilon_0/W$ と表される。ここで C は単位pn接合部面積当たりの容量である。図2-3(c)はpn接合に逆方向バイアスが加わった場合の容量の電圧依存性を示す。空乏層幅が電圧と共に増大するため、その分容量値が減少する。順方向バイアスの場合も $V \leq V_{BI}$ ならば空乏層幅が計算でき、容量が求まる。しかし、実際には電流が流れるため、その電流を運ぶ大量のキャリアも見かけの容量と考えられる。容量は電荷／電圧で定義されるが、それらpn接合部に存在する大量のキャリアの電荷が $C=K_S\varepsilon_0/W$ と表される容量以外の成分として加えられるので

ある。そのため、順方向バイアスを加えた場合ｐｎ接合容量は、大電流が流れる場合、空乏層幅で決まる値よりも非常に大きくなると考えることができる。

(2.5) 集積回路構造とダイオード

　　図1-1(17)あるいは図1-2(d)に示される集積回路の実構造からもわかるように、集積回路内の回路素子は一方（例えばｐ型）の半導体の中に逆導電型（例えばｎ型）の半導体領域を形成して作られる。そのことから、集積回路には回路構造上は現れない寄生のｐｎ接合ダイオードがいたるところに存在する。それらは上記の電流特性、容量特性を持つことに注意する必要がある。ｐｎ接合に逆方向バイアスが加わるようにしていれば問題ないが、順方向バイアスが加わると予想外の異常電流が流れる。ｐｎ接合の面積を最小限に抑えないと、ｐｎ接合容量が大きくなり、回路の動作速度が低下する。

(2.6) 演習問題

[1] $N_A = 10^{16} cm^{-3}$, $N_D = 10^{18} cm^{-3}$ となるｐｎ接合のビルトイン電圧を求めよ。ただし、$n_i = 10^{10} cm^{-3}$、$kT/q = 26mV$ として計算せよ。

[2] 不純物濃度 N_A のｐ型シリコンと N_D のｎ型シリコンのｐｎ接合において、$N_A \ll N_D$ の場合空乏層の厚さ W はどのように表わされるか。

[3] $N_A \ll N_D$ となるｐｎ接合では $n_p \gg p_n$ と考えてよい。$D_n \sim 35 cm^2/s$、$n_p \sim 10^4 cm^{-3}$、$L_n \sim 2.0 \times 10^{-2} cm$ のときの飽和電流密度 J_S を求めよ。ｐｎ接合部の面積が $1 \times 10^{-6} cm^{-2}$ のとき、もれ電流はどの程度になるか。

§3 MOSFETの動作原理

(3.1) MOSダイオード

　　図3-1のように、金属(Metal)、二酸化シリコン(Oxide)、p型シリコン(Semiconductor)で構成されるMOSダイオード構造を考える。ここでは、p型シリコンを用いたMOSダイオード構造を考えるが、同様の議論はn型シリコンを用いても可能である。この系のエネルギバンド構造は図3-2のようであり、それらを合わせると図3-3のようにして仕事関数差分の電荷移動が起こる。この仕事関数差と二酸化シリコン中の固定電荷のために、通常シリコン表面のバンドは図3-4(a)のように曲っている。このバンドの曲りをなくすように、図3-4(b)のように、ゲートに加えた電圧をフラットバンド電圧と呼ぶ。

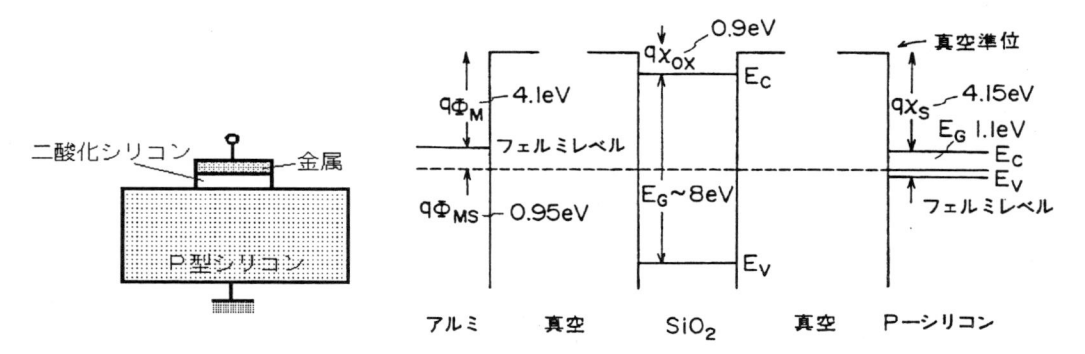

図3-1「MOSダイオード構造」　　図3-2「MOS系のバンド構造」

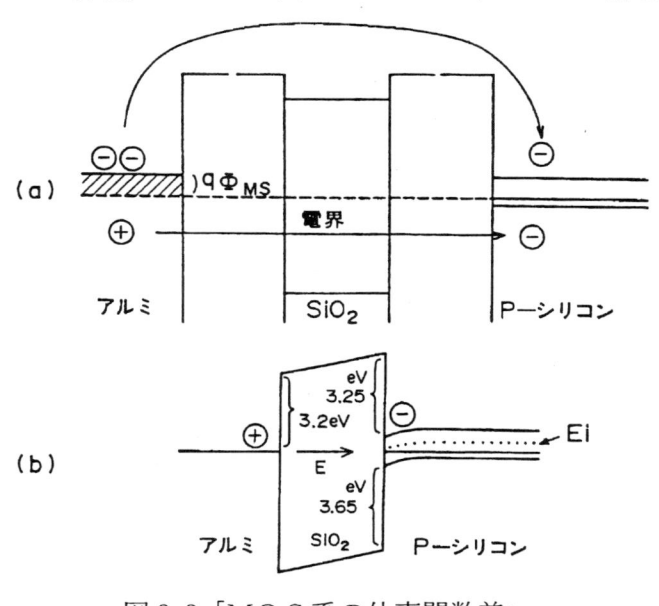

図3-3「MOS系の仕事関数差」

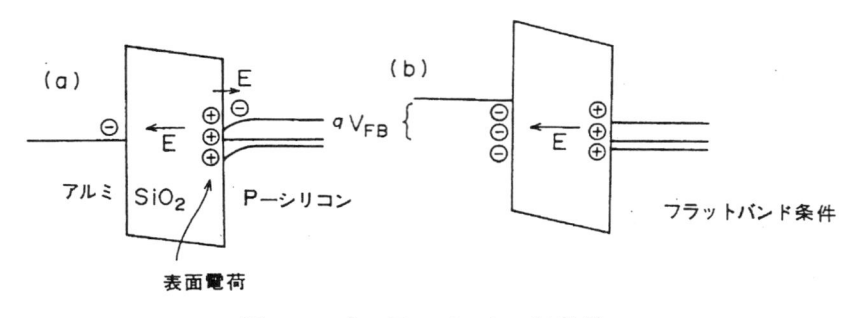

図 3-4 「フラットバンド条件」

　　　　ゲートにフラットバンド電圧を基準として負の電圧を加えた場合、シリコン表面にホールが蓄積する。この場合、ゲートからの電気力線を終端するため、図3-5のように、ホールがシリコン表面に集る。p型シリコン表面のホール密度pは、シリコン表面の電位ψ_sを用いて

$$p = N_A e^{-\frac{q\psi_s}{kT}} \qquad (3\text{-}1)$$

と表わせる。この式でN_Aはp型シリコンの不純物濃度である。フラットバンド状態において$p=N_A$であるから、$\psi_s<0$だけシリコン表面の電位が下がってバンドが曲れば、この式のようにホール密度が増大する。kT/qは常温で約26mVであるから、この式から、シリコン表面電位が少し負電位になれば、多量のホールがそこに集ることがわかる。つまり、ゲートに負の電圧を加えた場合、そこからの電気力線を打ち消す分のホールがシリコン表面に蓄積し、バンドはほとんど曲らない。

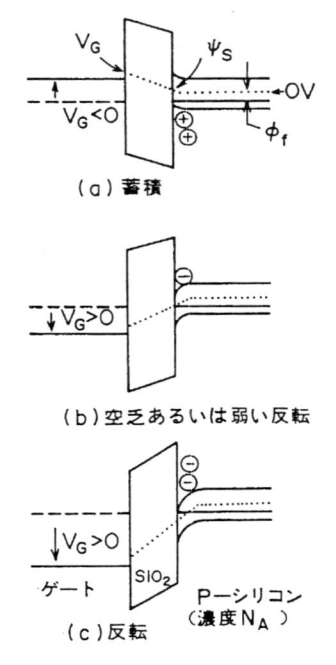

図 3-5 「蓄積、空乏、反転状態」

　　　　ゲートにフラットバンド電圧を基準として正の電圧を少し加えた場合、シリコン表面からホールが追い払われ、空乏状態となる。この場合、ゲートからの電気力線を終端するのは、イオン化したアクセプタである。p型シリコン表面の電子密度 n は

$$n = \frac{n_i^2}{N_A} e^{\frac{q\psi_s}{kT}} \tag{3-2}$$

と表わせる。ゲートに加える正電圧が小さく ψ_s が $2\phi_f$ よりもある程度小さければ、(3-2)式の n はアクセプタ密度 N_A と比べて無視できるほど小さい。そのため、ゲートからの電気力線を終端するのはもっぱらイオン化したアクセプタであり、ゲート電圧を大きくするに従ってシリコン表面の空乏層は広がる。空乏層は空間電荷を形成するから、ゲート電圧を大きくするに従ってバンドは曲り、シリコン表面電位 ψ_s は大きくなる。

　　　　ゲートに加えた正電圧をさらに大きくした場合、シリコン表面はp型からn型に反転し、そこに電子が集る。この場合、ゲートからの電気力線を終端するのは、イオン化したアクセプタに加え、反転領域（反転層と呼ぶ）に集った電子である。反転層の電子密度 n は

$$n = N_A e^{\frac{q(\psi_s - 2\phi_f)}{kT}} \tag{3-3}$$

と表わせる。この式は、ψ_s が $2\phi_f$ よりも大きくなる程の大きい正電圧をゲートに加えるならば、n は N_A よりも大きくなり、その値は ψ_s の指数関数となることを意味する。そのため、反転状態でゲートに加える正電圧を大きくすると、反転層の電子密度が指数関数的に増大し、バンドの曲りは $2\phi_f$ からあまり大きくならない。

　　　　シリコン表面が反転するときのゲート電圧をしきい値電圧と呼ぶ。通常、空乏と反転の境界をイオン化したアクセプタの密度と反転層の電子密度が等しくなる点、すなわちシリコン表面電位 ψ_s が $2\phi_f$ となる点と定義する。このときの表面空乏層の単位面積当たりの空間電荷 Q_B は、次式のように、1次元のpn接合の場合と同様に計算できる。

$$Q_B = qN_A x_d \tag{3-4}$$

ここで x_d は表面空乏層の厚さで

$$x_d = \sqrt{\frac{2K_s \varepsilon_0 (2\phi_f)}{qN_A}} \tag{3-5}$$

と表わせる。単位面積当たりのゲート酸化膜容量 C_{OX} のシリコン表面に空間電荷 Q_B を誘起するためには、ゲート酸化膜間に Q_B/C_{OX} の電圧を加える必要がある。そのためしきい値電圧 V_{TH} は

$$V_{TH} = V_{FB} + 2\phi_f + \frac{\sqrt{2K_s \varepsilon_0 qN_A (2\phi_f)}}{C_{OX}} \tag{3-6}$$

と表わせる。なおここで、V_{FB} はフラットバンド電圧である。C_{OX} はゲート酸化膜の比誘電率を K_{OX}、厚さを t_{ox} とすると、$C_{OX}=K_{OX}\varepsilon_0/t_{ox}$ と表せる。

(3.2) MOSFET

MOSダイオードのゲート電圧をしきい値電圧以上に上げても、シリコン表面はしばらく反転しない。シリコン表面に集まる電子がないからである。通常、熱的に励起してきた電子がシリコン表面に集り、反転層が形成されるまでには数秒から数分かかる。一方、ゲート電極と重なるようにn型拡散領域を形成すると、図3-6に示されるように、それが電子の湧き口（ソース）の働きをするため、すぐ（nsec以下で）反転層が形成される。このような構造をゲートコントロールダイオードと呼ぶ。

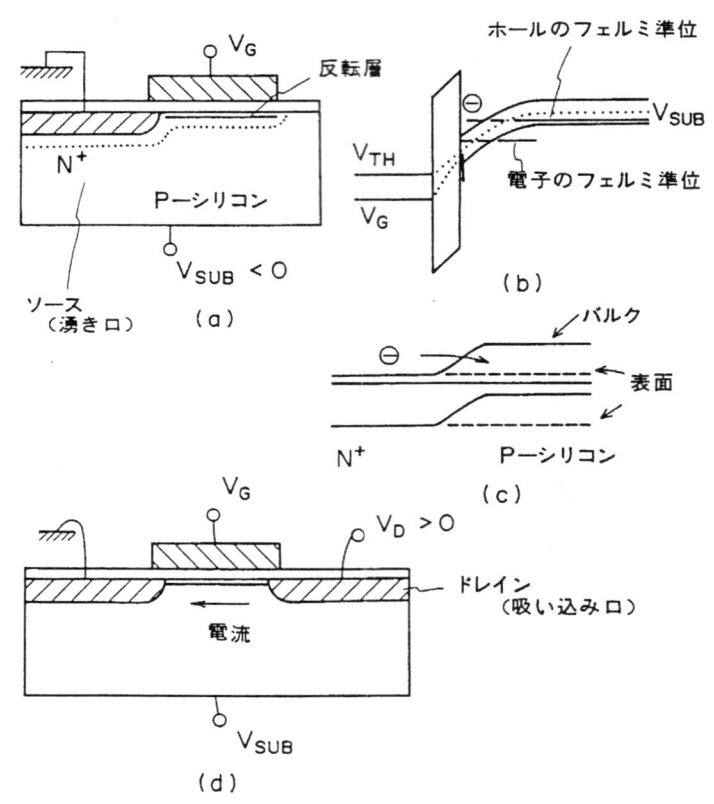

図3-6「(a)ゲートコントロールダイオードと(d)MOSFET」

ソースから反転層に注入された電子の吸い込み口（ドレイン）として、n型拡散領域を形成したものがMOSFETである。MOSFETではゲートに加える電圧を制御することにより、ソース・ドレイン間の電流経路となる反転層（チャネルと呼ぶ）を作ったりなくしたりできる。通常MOSFETの構造を図3-6(d)のように表わし、ゲート、ソース、ドレイン、基板の各電極をそれぞれ G、S、D、

SUBという記号で表わす。そしてそれらの電極の電圧を、ソース電圧を基準の 0V として、V_G, V_D, V_{SUB} と表わす。各電極間を流れる電流は、例えばソース・ドレイン間電流（ドレイン電流またはチャネル電流と呼ぶ）を I_{DS} と表わすように、電極を表わす記号を添え字として使う。

(3.3) グラデュアルチャネル近似

ソースとドレインの間が反転層でつながっている場合、そこに流れる電流を各電極電圧の関数として近似表現できる。ここではそのような近似として、ＭＯＳＦＥＴの２次元構造を緩やかな１次元構造のつなぎあわせとして表わすグラデュアルチャネル近似を述べる。

$V_G - V_{TH}$ に比べて V_D が非常に小さいとき、シリコン表面の電界はほとんどMOS界面に垂直な方向を向いている。このとき、図3-7に示されるようにＭＯＳＦＥＴをチャネル方向に細かい区間に分けると、１区間内の電界分布は１次元のＭＯＳ系のそれで近似できる。すなわち、ソース電極からの距離 x の区間に形成された反転層の電子の面密度 $Q_i(x)$ は、

$$Q_i(x) = C_{OX}(V_G - V_{TH} - V_C(x)) \tag{3-7}$$

と表わせる。ここで $V_C(x)$ はチャネル電位と呼ばれ、その区間を１次元的に考えた場合のソース電位に相当する。$V_C(x) = \psi_S(x) - 2\phi$ と考えればよい。

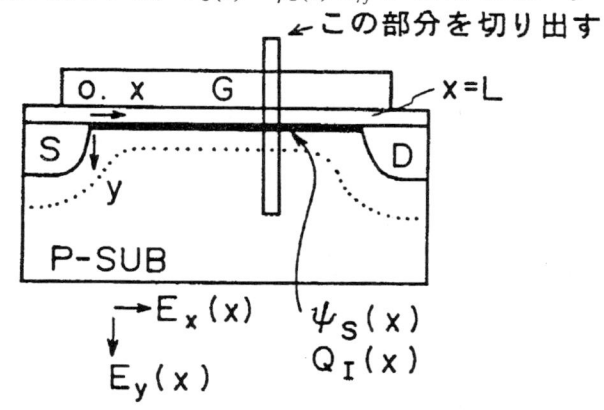

図 3-7「グラデュアルチャネル近似モデル」

ソース電極からの距離 x の区間を流れるチャネル電流 I_{DS} は、反転層のチャネル方向電界 E_x を用いて、$I_{DS} = W \cdot Q_i(x) \cdot \mu \cdot E_x(x)$ と表わされる。ここで、W はＭＯＳＦＥＴのチャネル幅、μ は電子の移動度である。この式は

$$E_x(x) = -\frac{d\psi_S(x)}{dx}$$

という関係式を用いると、

$$I_{DS} = WC_{OX}(V_G - V_{TH} - V_C(x)) \cdot \mu \frac{dV_C(x)}{dx}$$

と表わせる。この両辺を $x=0$ からチャネル長 L まで（ソースからドレインまで）積分し、右辺の変数を x から V_C に変換する。

$$I_{DS} \cdot L = \int_0^{V_D} WC_{OX}(V_G - V_{TH} - V_C(x)) \cdot \mu dV_C(x)$$

右辺の積分を実施して I_{DS} について解くと、次式が得られる。

$$I_{DS} = \beta\left\{(V_G - V_{TH})V_D - \frac{V_D^2}{2}\right\} \tag{3-8}$$

ここで β は、$\beta = \mu C_{OX}\frac{W}{L}$ と定義されるパラメータである。

(3.4) ピンチオフ

　　グラデュアルチャネル近似で得られる $I_{DS}-V_D$ 曲線は、限られた領域でしかＭＯＳＦＥＴの特性を表現していない。(3-8)式によると I_{DS} は V_D の2次関数で表わされるので、この関係を用いて $I_{DS}-V_D$ 曲線を書くと、図3-8に示されるよう

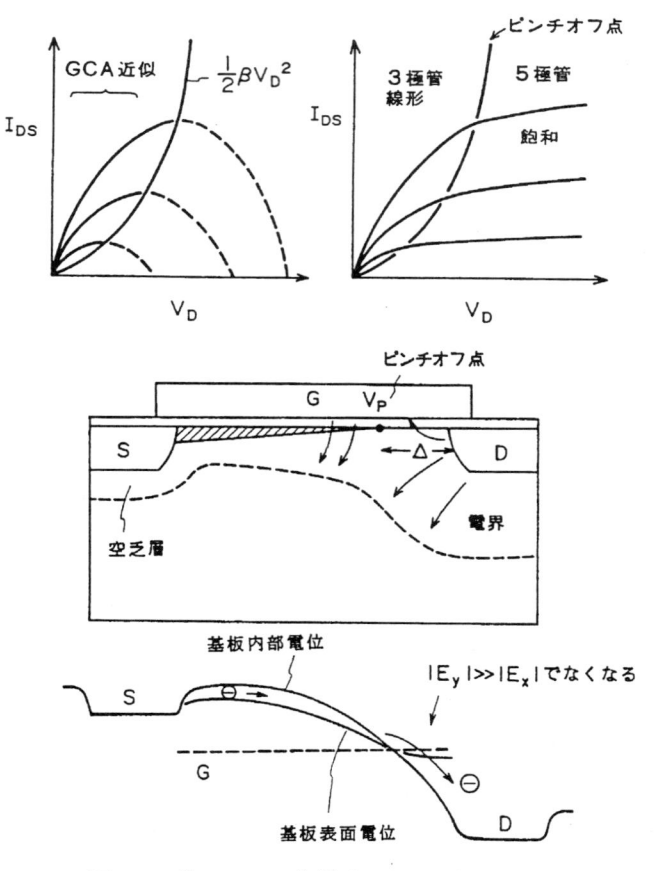

図3-8 「$I_{DS}-V_D$ 曲線とピンチオフ」

な上に凸の放物線が得られる。この曲線ではV_Dの大きい所でI_{DS}が小さくなっているが、これはI_{DS}とV_Dの関係としてはおかしい。このようにおかしな現象が生じる原因は、グラデュアルチャネル近似を適用できない領域まで、無理にその近似を適用しようとすることにある。グラデュアルチャネル近似は「V_G-V_{TH}に比べてV_Dが非常に小さい」という場合に成立する近似である。だから、この近似が成立しないV_Dの大きい領域にまでそれを適用することはできない。

ドレイン電圧が大きい場合、反転層電子$Q_i(x)$が0になる点がドレイン近傍にできる。このような点をピンチオフ点と呼び、ピンチオフ点が生じる最小のドレイン電圧をピンチオフ電圧と呼ぶ。ピンチオフ電圧V_Pは、(3-7)式において$Q_i(x)$を0にすることにより得られ、

$$V_P = V_G - V_{TH} \tag{3-9}$$

で表わされる。電流はピンチオフ点近辺でシリコン表面を離れ、シリコン基板内部を通ってドレインへと流れる。

通常、$V_D = V_P$となる$I_{DS} = \beta\frac{V_D^2}{2}$曲線の左側、すなわち$V_D < V_P$の領域のドレイン電流を(3-8)式で近似する。この領域のことを線形領域あるいは3極管領域と呼ぶ。一方、$V_D = V_P$の曲線の右側、すなわち$V_P < V_D$の領域のドレイン電流を水平線で表わす。すなわち

$$I_{DS} = \frac{\beta}{2}(V_G - V_{TH})^2 \tag{3-10}$$

とする。この領域のことを飽和領域あるいは5極管領域と呼ぶ。

(3.5) 基板電圧の効果

基板電圧をV_{SUB}（<0V）とすると、シリコン表面の空間電荷はその分増大し、その分しきい値電圧も増大する。MOS構造のしきい値電圧を求めたときには基板電圧を基準にしたが、MOSFETの場合は基準をソース電位にすべきである。MOSFETでは電子はソースから供給されるからである。この場合、基板電圧V_{SUB}をソース電位とは独立に、かつソース基板間のpn接合が逆バイアスされるように、与えることができる。シリコン表面の電位ψ_sがソース電位（0V）に対して$2\phi_f$になるとき反転が生じるから、基板電圧V_{SUB}（<0V）を与えた場合、シリコン表面と基板の電位差は、図3-9に示されるように、$2\phi_f + |V_{SUB}|$である。よって、シリコン表面の空間電荷は(3-6)式の$2\phi_f$を$2\phi_f + |V_{SUB}|$で置き換えることにより表現でき、その時のしきい値電圧は次式で表現できる。

$$V_{TH} = V_{FB} + 2\phi_f + \frac{\sqrt{2K_S\varepsilon_0 qN_A(2\phi_f + |V_{SUB}|)}}{C_{OX}} \tag{3-11}$$

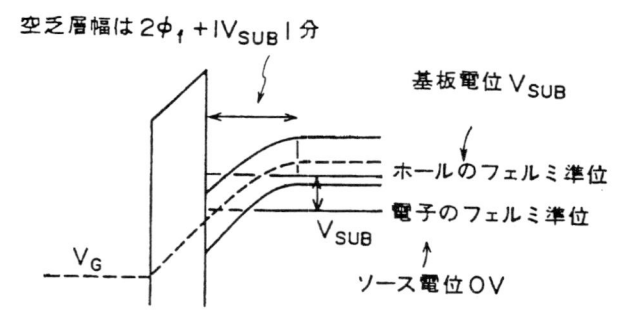

図3-9 「基板電圧の効果」

(3.6) C－V特性

　　　ゲート酸化膜と表面空乏層をそれぞれ直列接続された容量と考えると、ＭＯＳ系の容量が計算できる。単位面積当たりのゲート酸化膜容量C_{OX}は一定であるが、空乏層容量

$$C_B = \frac{K_s \varepsilon_0}{x_d}$$

は表面におけるバンドの曲り具合によって変化する。ここで

$$x_d = \sqrt{\frac{2K_s \varepsilon_0 \psi_s}{qN_A}}$$

は表面空乏層幅であり、その値は表面電位ψ_sに依存して変化する。((3-5)式参照)そのため容量とゲート電圧(V)の関係は図3-10のようになる。ＭＯＳ構造の容量は、蓄積状態（図の左側）では空乏層がないのでC_{OX}であり、空乏状態（図の中央部）では空乏層の増大とともに小さくなる。反転状態（図の右側）ではシリコン表面（反転層）への電子の供給の有無よって２通りに分かれる。ソースがなく電子が熱的発生で供給される場合には、容量測定に使われる交流電圧に電子が追随できない場合があり、その場合には低容量のまま（図の(b)）である。ソースがある場合や低周波で容量を測定する場合には容量はC_{OX}に戻る（図の(a)）。ゲート電圧を速やかに増大すると、シリコン表面への電子の供給が直流電圧にも追随できなくなるため、空乏層の増大が引き続き起こり、図の(c)のように、さらに容量が小さくなる。

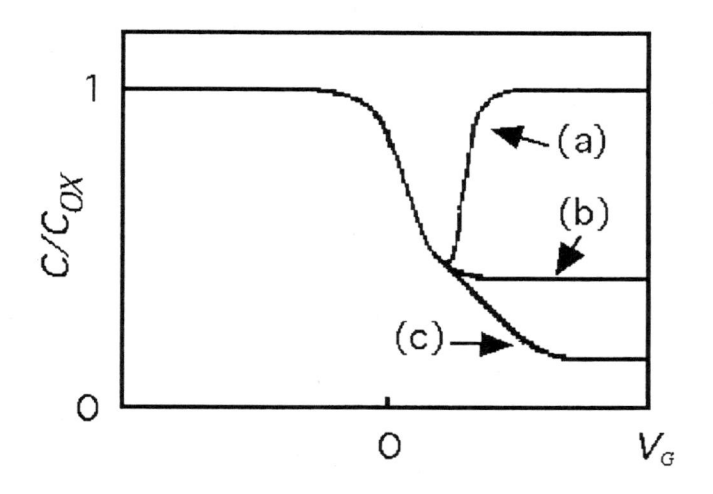

図3-10「MOSダイオードのC-V特性」
(a)低周波で容量を測定する場合、(b)高周波で容量を測定するためシリコン表面への電子の供給がそれに追随できない場合、(c)ゲートへのDC電圧を速やかに増大するため、シリコン表面への電子の供給がそれにも追随できない場合

(3.7)演習問題

[1]基板不純物濃度 $1 \times 10^{16} \text{cm}^{-3}$、ゲート酸化膜厚 50nm、フラットバンド電圧 -0.8V、移動度 $\mu = 500 \text{cm}^2 \text{V}^{-1} \text{sec}^{-1}$、チャネル幅 20μm、チャネル長 5μm のnチャネルMOSFETのしきい値電圧 V_{TH}、しきい値における表面空乏層の厚さ x_d、利得定数 β、$V_G = V_D = 5\text{V}$ におけるドレイン電流をそれぞれ求めよ。

§4 MOSFETの基本特性1

(4.1) MOSFETの電流特性近似式

MOSFETの $I_{DS}-V_D$ 特性の近似式(3-8)、(3-10)式は単純であるため、MOS回路特性の解析的計算にとって有用である。後で述べるようにこれらの近似式は多くの点で実際の特性と合わず、近似の程度が低い。このことはより正確な別の近似式を使うことにより改善されるが、一般にそのような近似の高い式は複雑なため、回路特性の解析的計算には相応しくない。もちろん、計算機を用いた数値計算ならば複雑な近似式でも取り扱えるであろうが、それでは見通しの良い回路設計ができない。そのため、これらの近似式はMOS回路の解析にとって非常に重要である。

$$I_{DS} = \begin{cases} 0 & (V_G \leq V_{TH}) \\ \beta\left\{(V_G - V_{TH})V_D - \dfrac{V_D^2}{2}\right\} & (V_{TH} < V_G,\ V_D \leq V_G - V_{TH}) \quad (3-8) \\ \dfrac{\beta}{2}(V_G - V_{TH})^2 & (V_{TH} < V_G,\ V_G - V_{TH} < V_D) \quad (3-10) \end{cases}$$

(4.2) パラメータ β と V_{TH}

(3-8)、(3-10)式には2つのパラメータ β と V_{TH} が含まれており、これらを通してMOSFETの構造と電気的特性が関係している。

$$\beta = \mu C_{OX} \frac{W}{L}$$

$$V_{TH} = V_{FB} + 2\phi_f + \frac{\sqrt{2K_S\varepsilon_0 q N_A (2\phi_f + |V_{SUB}|)}}{C_{OX}} \quad (3-11)$$

$C_{OX} = K_{OX}\varepsilon_0 / t_{OX}$ と表せるから、β に含まれる量は、MOSFETのチャネル幅 W、長さ L、ゲート酸化膜の厚さ t_{OX} というMOSFET各部の寸法を表す量と、ゲート酸化膜の比誘電率 K_{OX} とキャリアの移動度 μ というMOSFETを構成する材料の性質を表す量である。同様に、V_{TH} に含まれる量もMOSFETの構造と材料の性質を表すものである。これらのことから、この近似ではMOSFETの構造を表わす量が2つのパラメータ β と V_{TH} を通してその電気的特性に対応していることになり、非常に見通しのよいものになっている。そのため、MOS回路の設計上これら2つのパラメータの意味を理解しておくことは非常に重要である。

β は利得を表す量である。バイポーラトランジスタのエミッタ接地増幅率 β と表記が同じであるが、意味は少し異なる。バイポーラトランジスタでは $\beta = \dfrac{\partial I_C}{\partial I_B}$

となる、次元のない電流増幅率であった。一方、ＭＯＳＦＥＴでこれに対応する量は相互コンダクタンス $g_m = \frac{\partial I_{DS}}{\partial V_G}$ であり、単位は[A/V]である。この違いはバイポーラが電流制御型素子であるのに対してＭＯＳＦＥＴが電圧制御型素子であることに起因する。ＭＯＳＦＥＴのβはこのg_mを決める基本的な量であり、単位が[A^2/V]である。(3-8)、(3-10)式を用いると、

$g_m = \beta V_D$　　　　　　　　　（線形領域）　　　　　　　　　　　　　(4-1)

$g_m = \beta(V_G - V_{TH})$　　　　（飽和領域）　　　　　　　　　　　　　(4-2)

と表され、g_mは電圧依存変数になることがわかる。一方、βはデバイス構造だけで決まる定数なので、g_mよりも取り扱いやすい。g_mと同様に、ドレインコンダクタンス $gd = \frac{\partial I_{DS}}{\partial V_D}$ という量もコンダクタンスとして重要な量である。この量もβとバイアス電圧で表現できる。

$g_d = \beta(V_G - V_{TH} - V_D)$　　（線形領域）　　　　　　　　　　　　(4-3)

$g_d = 0$　　　　　　　　　　　　（飽和領域）　　　　　　　　　　　　(4-4)

　　しきい値電圧 V_{TH} はスイッチングのオンオフの境目を表す量である。ＭＯＳＦＥＴは $V_G \leq V_{TH}$ のとき非導通であり、$V_{TH} < V_G$ のとき(3-8)、(3-10)式で表されるドレイン電流が流れて、導通する。バイポーラトランジスタにおいてベース－エミッタ間電圧 V_{BE} がダイオードのオフセット電圧を越えると導通するが、それ以下だと導通しないことに対応する。ダイオードのオフセット電圧は半導体のエネルギギャップと関係しているため、バイポーラトランジスタのしきい値電圧は半導体を変えない限りほとんど同じ値である。それに対し、ＭＯＳＦＥＴのしきい値電圧は(3-11)式でわかるように、V_{FB}、N_A、V_{SUB} などに依存して変化する。このことはバイポーラとＭＯＳの大きな相違点の一つである。論理回路ではスイッチング素子として使われるトランジスタがオンであるかオフであるかによって２進情報を表すから、そのしきい値電圧は重要な量である。

(4.3)インバータ動作

　　図4-1(a)に示すようなインバータの動作を考える。インバータは論理回路の基本構成要素であり、低（高）電位の入力に対して高（低）電位の出力を与える回路である。その詳細については後で説明する。図4-1(b)は入力電位 V_I と出力電位 V_O の関係を示したものである。正確な論理動作ができるためには、V_Oの遷移領域が0Vと電源電位V_{DD}の中間にあり、V_Iが低および高電位と見なされる領域（ノイズマージン）が広いことが重要である。後述のように、このV_Oの遷移領域にとってＭＯＳＦＥＴのしきい値電圧 V_{TH} とドレインコンダクタンス g_d は重要な量である。

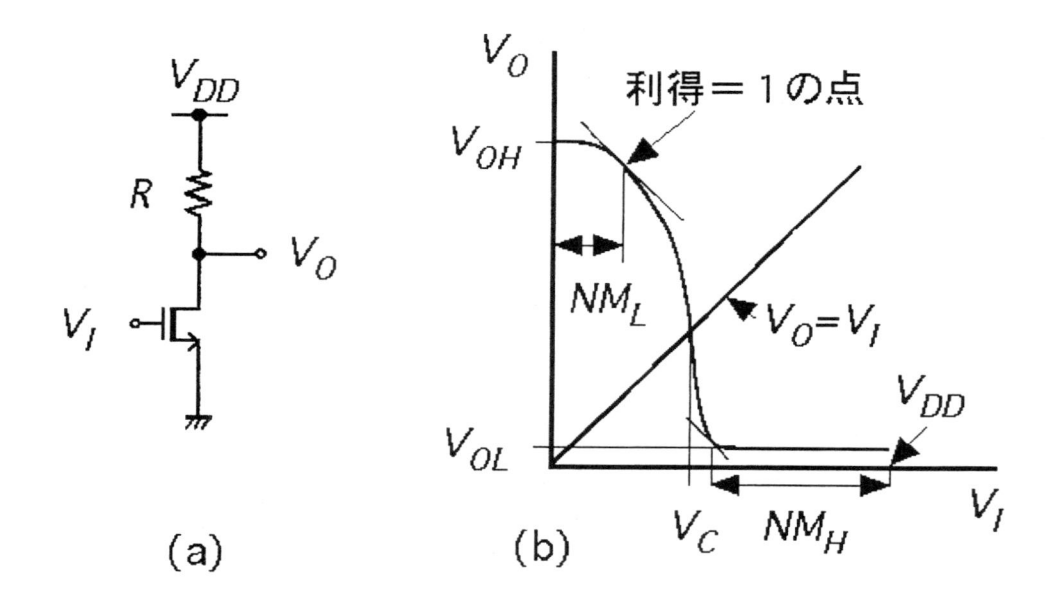

図4-1 「(a)MOSインバータと(b)入出力特性」

　　　一方、$V_O=V_{DD}$の時に、V_Iが0VからV_{DD}に変化して、ＭＯＳＦＥＴがオフからオンになったとする。この場合、出力端子につく負荷容量C_Lに充電されていた電荷はＭＯＳＦＥＴのドレイン電流で放電されて、V_Oは低下し最終的に低電位と見なせる値まで下がる。この放電速度はインバータの動作速度を決定する非常に重要な性能指数である。後述のように、この値はC_L/g_mで表される。ここでC_Lは通常、インバータ出力部の容量、次段インバータの入力容量そして配線部の容量などの総和になる。インバータの入力はＭＯＳＦＥＴのゲート電極であるから、その値は$C_{ox}\cdot W\cdot L$で近似できる。このことから、インバータの動作速度にとってＭＯＳＦＥＴのチャネル幅と長さは重要な量である。

(4.4) 電流飽和特性

　　　(3-8)、(3-10)式で表されるＭＯＳＦＥＴの$I_{DS}-V_D$特性は、簡単な近似であるため、多くの点で実際のＭＯＳＦＥＴの特性と食い違う。そのもっとも顕著なものは飽和領域における$I_{DS}-V_D$特性であろう。図4-2に示されるように、実際のＭＯＳＦＥＴの特性ではV_Dとともに徐々にI_{DS}が増大し、(3-10)式で与えられる一定値ではない。このことを説明するために、例えば以下の様なチャネル長変調モデルがある。

図 4-2「実際のドレイン電流特性の例」

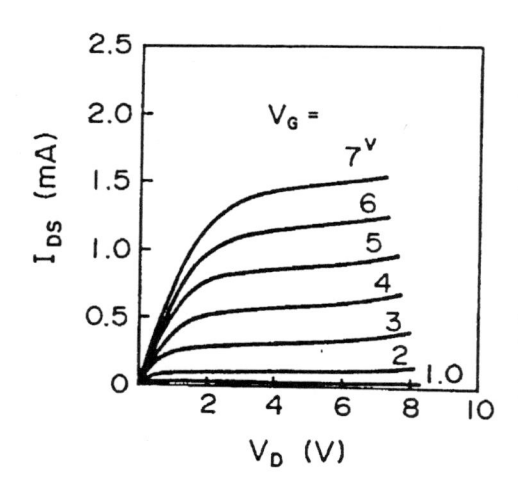

ゲート電圧 V_G を変えたときのドレイン電流 I_{DS} とドレイン電圧 V_D の関係。被測定素子は p 型基板（不純物濃度は約 2E16cm^{-3}）上に形成した n チャネル MOSFET である。実効的チャネル幅／長 = 15.5 ／ 1.3μm、ゲート酸化膜厚 40nm である。基板電圧 V_{SUB} = -2V で測定した。

　　ドレイン電圧をピンチオフ電圧以上に上げた場合、図 3-8 下部に示されるように、ピンチオフ点はチャネルのドレイン端からソース側へ僅かな距離Δだけ移動し、ドレインとピンチオフ点の間に $V_D - V_P$ が加わると考えられる。グラデュアルチャネル近似の考え方に従うと、ドレインとピンチオフ点の間の反転層電荷はほとんどゼロであるから、この間は高抵抗になると考えられる。だから、$V_D - V_P$ が大きくなってもこの間隔Δは小さく、ここに電界が集中する。この間隔Δが無視できるほどのチャネル長の大きい MOSFET では、ドレイン電流をほぼ一定値で近似することができる。しかし、それがチャネル長 L と比べて無視できない場合、実効的なチャネル長は L から $L-\Delta$ に減り、その分 β が $\beta L/(L-\Delta)$ と増大すると考えるべきである。これが飽和領域におけるドレイン電流増大の原因と考えるのである。

(4.5) 移動度

　　図 4-2 の $I_{DS}-V_D$ 特性がグラデュアルチャネル近似で得られるものと食い違うもう 1 つは、ゲート電圧を一定間隔で変えた場合のドレイン電流の間隔がほぼ一定になっていることである。(3-10) 式によるとこの間隔は $(V_G-V_{TH})^2$ に比例するため、徐々に大きくなるはずである。この食い違いの原因の 1 つとして、移動度が理論通りでないことが考えられる。グラデュアルチャネルモデルでは移動度を一定と仮定した。しかし、実際の移動度はキャリアの走行する場所における電界や不純物濃度、酸化膜シリコン界面の状態などの影響を受け、複雑な振る舞いを見せる。そのような移動度の振る舞いの一つはキャリア速度の飽和である。低電界の場合にはキャリアの走行速度 v と電界 E は比例して $v=\mu E$ の関係が得られる。しかし、シリコン中の電子の場合、その走行速度は $v_{SAT} \sim 10^7$ cm/sec で飽和してしまい、それ以上にはならない。このことは電子の走行方向の電界が高い場合における移動度

の低下となる。その他、不純物濃度が高い、酸化膜シリコン界面の凹凸が大きい、酸化膜シリコン界面にキャリアを引きつける垂直電界が大きいなどの場合には、走行中のキャリアの散乱が多くなり、移動度の低下が起こる。より正確なＭＯＳＦＥＴの電流モデルではこれらの現象も考慮されているが、その分電流の表現式は複雑である。

(4.6)サブスレッシュホルド特性

　　　図4-3に示されるように、低電流を正確に測定して片対数グラフ用紙にI_{DS}－V_D特性を表わしたものをサブスレッショルド特性と呼ぶ。この特性は、上に凸の曲線となる大電流領域と、直線となる微小電流領域に分けられる。前者はドレイン電流がグラデュアルチャネル近似で表現される領域であり、$I_{DS} \propto (V_G － V_{TH})^2$の関係にある。後者はここで問題とするサブスレッショルド特性を表わす領域であり、$I_{DS} \propto \exp(aV_G)$の関係にある。ゲート電圧がしきい値（スレッショルド）電圧以下になってもＭＯＳＦＥＴのチャネルは完全に遮断されず、尾を引くように電流が流れる。

　　　ＭＯＳ界面が空乏あるいは弱反転にある場合、ｐ型シリコン表面の電子密度は$n = \frac{n_i^2}{N_A} e^{\frac{q\psi_s}{kT}}$と表わされる。ここで、$n_i << N_A$であるため、シリコン表面の電子は空乏層の空間電荷（イオン化したアクセプタ）と比べると無視できる量である。しかし、チャネルを流れる微小電流を考える場合はこの電子を無視することができない。これがサブスレッシュホルド電流となる。

　　　第３章で示したＭＯＳＦＥＴの電流特性の近似式では$V_G < V_{TH}$において、ドレイン電流は流れないと考えた。しかし、実際は上記のようにサブスレッシュホルド電流が流れる。そのため、僅かな電流でも誤動作を起こすことのあるダイナミック回路などにとっては、この特性は重要である。通常、しきい値電圧V_{TH}は回路動作上有意な電流が流れ始める電圧として定義される。例えば、$W/L = 1$のＭＯＳＦＥＴで 0.1μA 流れる時のゲート電圧として定義される。この値は前に定義した「ＭＯＳの表面でバンドが$2\phi_f$曲る時のゲート電圧」として定義されるしきい値電圧に近い値でもある。しかし、微小電流を問題にする回路では、ゲート電圧をV_{TH}より 0.5V 以上低くしないと、完全なオフ状態にならない。

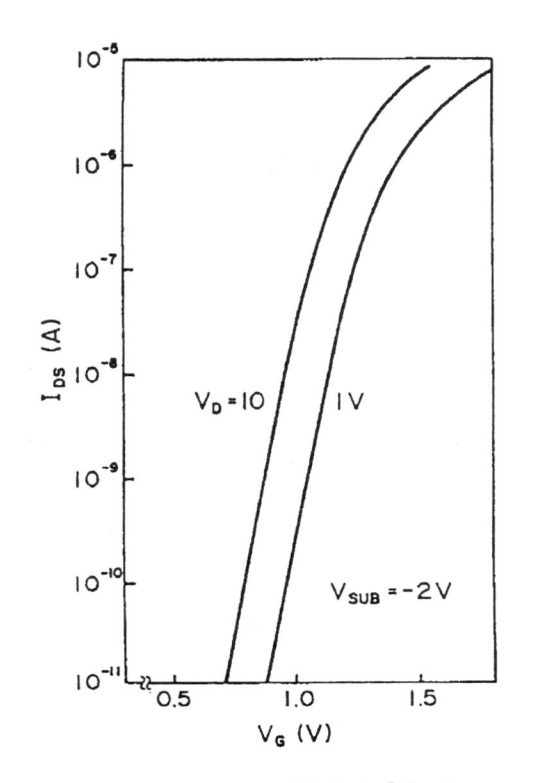

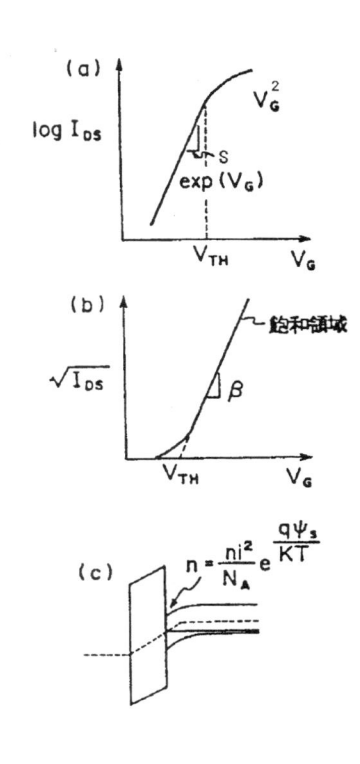

図 4-3 「サブスレッシュホルド特性」

(4.7)耐圧特性

　　　ＭＯＳＦＥＴのドレイン電圧やゲート電圧はいくらでも高くできるものではない。ゲート絶縁体膜の絶縁破壊が生じる電圧およびドレイン－基板間のｐｎ接合の逆方向耐圧によって決まる値以上に、それらの電圧を高くすることはできない。ゲート絶縁体膜が酸化シリコン膜の場合、5MV/cm 程度以上の電界が掛かるとトンネル電流が流れ始め、10MV/cm 程度以上の電界が掛かると絶縁破壊が生じる。シリコンのｐｎ接合の場合、数 100KV/cm 程度で降伏が生じる。この値は空乏層幅が 1μm 程度の場合、数 10V の電圧で降伏が生じることに相当する。

(4.8)演習問題

[1] ゲートとドレインを短絡したＭＯＳＦＥＴの $I_{DS}-V_G(=V_D)$ 特性を測定した時、次の結果を得た。このＭＯＳＦＥＴの V_{TH} と β を求めよ。

V_G(V)	1.0	1.5	2.0	2.5	3.0
I_{DS}(μA)	0	16	64	144	256

[2] ＭＯＳＦＥＴの相互コンダクタンスは $g_m = \dfrac{\partial I_{DS}}{\partial V_G}$ と定義される。ＭＯＳＦＥＴの電流近似式を用いて g_m を表す式を導出せよ。

§5 MOSFETの基本特性2

(5.1) 導電型

　　　今まではnチャネルMOSFETについて話してきたが、全く同じ議論がpチャネルMOSFETに対してもできる。この場合、極性が異なるだけである。バイポーラの場合のnpnとpnpの違いと同じである。MOSの場合には両者を同時に作ることがそれほど難しくないため、C(complementary)MOSが作られ、現在の主流になっている。

　　　図5-1にpチャネルMOSFETの$I_{DS}-V_D$特性をnチャネルのものと比較して示す。なお、この図には後出のデプレッション型MOSFETの特性も合わせて示してある。ソース電位を基準(0V)に電圧を表示することはnチャネルの場合と同じであるが、電流と電圧の符号が逆になる。$I_{DS}-V_D$特性の近似式((3-8)、(3-10)式)の各量I_{DS}、V_G、V_Dは負になる。この近似式は絶対値で考えるとそのままpチャネルの場合にも成立する。

$$|I_{DS}| = \begin{cases} 0 & (|V_G| \leq |V_{TH}|) \\ \beta\left\{|V_G - V_{TH}||V_D| - \frac{|V_D|^2}{2}\right\} & (|V_{TH}| < |V_G|,\ |V_D| \leq V_G - V_{TH}) \quad (5-1)\\ \frac{\beta}{2}|V_G - V_{TH}|^2 & (|V_{TH}| < |V_G|,\ |V_G - V_{TH}| < |V_D|) \quad (5-2) \end{cases}$$

$\beta = \mu C_{OX}\frac{W}{L}$は正の量である。しきい値電圧は

$$V_{TH} = V_{FB} - 2\phi_f - \frac{\sqrt{2K_S\varepsilon_0 q N_A(2\phi_f + |V_{SUB}|)}}{C_{OX}}$$

と表される。MOS表面でバンドの曲る方向および表面空乏層の電荷の極性が逆のため、右辺第2、3項の符号が逆になる。なお、ここではϕとしては正の量を使っている。V_{FB}はn、p両チャネルとも同じ符号である。このことから、通常$V_{FB}<0$のため、V_{TH}の絶対値はnチャネルよりもpチャネルの方が大きい。

(5.2) CMOSインバータ

　　　図5-2に示すように、一対のp、n両チャネルMOSFETで構成したインバータを考えよう。このインバータの入力電位V_Iおよび出力電位V_Oは0VとV_{DD}の間の値を取るものとする。nチャネルMOSFETは従来通り0Vを基準に動作を考えればいいが、pチャネルMOSFETはソースが接続されている電源電位V_{DD}を基準に動作を考える必要がある。V_{DD}を基準に考えると、pチャネルMOSFETのゲートやドレインに加わる電圧は負電圧になる。V_Iが0Vの時それはnチ

ャネルＭＯＳＦＥＴをオフ状態にする。一方ｐチャネルＭＯＳＦＥＴの場合、そのソース電位を 0V に換算して考えるとゲートに$-V_{DD}$を加えたのと等価であり、オン状態にある。同様に V_I が V_{DD} の場合、両ＭＯＳＦＥＴのオンオフ状態が入れ換わる。そのため、このインバータは入力を反転した電圧が出力される。

型	回路記号	$I_{DS}-V_D$ 特性	$I_{DS}-V_G$ 特性
Nチャネルエンハンスメント型			
Nチャネルデプレッション型			
Pチャネルエンハンスメント型			
Pチャネルデプレッション型			

図 5-1「ｐ、ｎ両チャネルＭＯＳＦＥＴの $I_{DS}-V_D$ 特性比較」

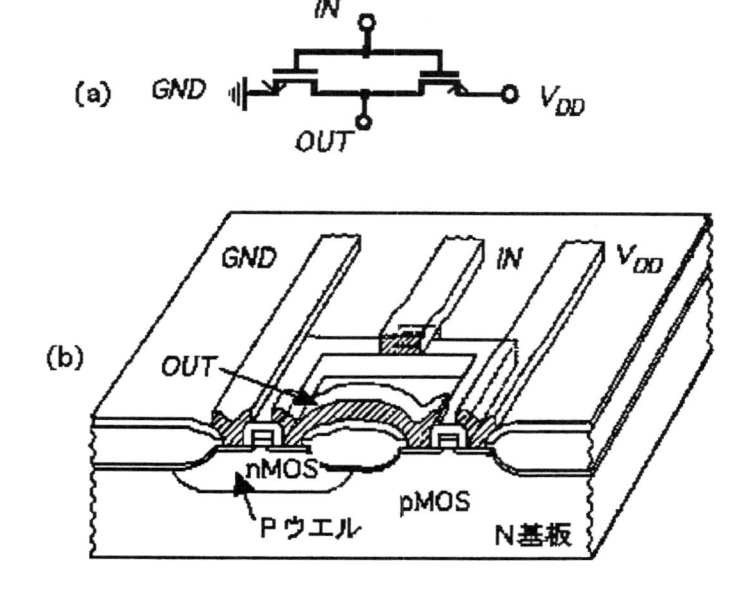

図 5-2「ＣＭＯＳインバータ：(a)回路構成、(b)デバイス構造」

同一チップ上にｐ、ｎ両チャネルＭＯＳＦＥＴを形成するためには、それぞれの基板領域になるｎ、ｐ型半導体領域が必要である。ＣＭＯＳＬＳＩではウェルと呼ばれる深い不純物拡散領域を形成して、両導電型の半導体領域を形成する。さらに、ソースドレイン領域もｐ、ｎ両導電型が必要である。そのため、ＣＭＯＳの製造プロセスは単一導電型ＭＯＳの製造プロセスよりも拡散用マスク、拡散工程ともに多くなる。

(5.3) チャネルドープ

ＭＯＳＦＥＴではチャネルが形成されるシリコン表面にｎ（またはｐ）型不純物を添加（ドープ）して、しきい値電圧を負（または正）に移動させることができる。このような不純物添加をチャネルドープと呼ぶ。しきい値電圧の式（(3-6)式）の第３項は表面空乏層の電荷密度（(3-4)式の Q_B）であるから、チャネルドープをするとその分この項が増減して、しきい値電圧が変化する。イオン注入ドース量を $\Phi(\text{cm}^{-2})$ とすると、$\pm q\Phi/C_{OX}$ だけ、しきい値電圧がシフトする。±は添加する不純物がアクセプタの時はプラスで、ドナーの時はマイナスである。

$$V_{TH} = V_{FB} + 2\phi_f + \frac{\sqrt{2K_s\varepsilon_0 qN_A(2\phi_f + |V_{SUB}|)}}{C_{OX}} \pm \frac{q\Phi}{C_{OX}} \qquad (5\text{-}3)$$

この性質は、バイポーラトランジスタにはないＭＯＳＦＥＴ独特のものである。このためＭＯＳＩＣでは、異なるしきい値電圧を持つ複数のＭＯＳＦＥＴを用いることにより、柔軟な回路設計ができる。一方、しきい値電圧の変動要因がバイポーラよりも多いため、そのばらつきが大きいという問題もある。ｎチャネルＭＯＳＦＥＴでは、しきい値電圧が正の場合をエンハンスメント型、負の場合をデプレッション型という。デプレッション型はゲート電圧が０Ｖでも電流を流せるので抵抗の代わりとして使われる。（図5-1、(6.4)節参照）

(5.4) 基板電圧効果

ＭＯＳＦＥＴのソース－基板間のｐｎ接合に逆バイアス電圧を加えると、そのしきい値電圧が高くなる。ここで「高くなる」とは、ｎチャネルの場合正方向に、ｐチャネルの場合負方向に変化することを意味する。ｎチャネルの場合、基板電圧を V_{SUB}（＜０Ｖ）とすると、(3.5)節で述べたように、しきい値電圧は次式で表せるように正方向に変化する。

$$V_{TH} = V_{FB} + 2\phi_f + \frac{\sqrt{2K_s\varepsilon_0 qN_A(2\phi_f + |V_{SUB}|)}}{C_{OX}} \qquad (5\text{-}4)$$

ｐチャネルの場合には正の基板電圧を加えることにより、しきい値電圧は負方向に変化する。なお、基板電圧は通常ソース－基板間のｐｎ接合に逆バイアス電圧を加

える方向に加える。順バイアスではｐｎ接合ダイオード電流が流れてしまい、ＭＯＳＦＥＴとしての機能が狂う。

　　　現実のＭＯＳ回路においては、基板電圧を加えることを前提に設計された場合とか、回路動作においてソース電位が0Vから浮き上がる場合があり、そのような場合に基板電圧効果を考慮する必要が生じる。基板電圧を加えることを前提にした設計は、基板電圧を加えるとｐｎ接合容量を小さくできる、ノイズが入ってｐｎ接合が順方向バイアスされる誤動作の発生を防げる、などの利点を得ることを目的としている。この場合、基板電圧が加わるとしきい値電圧が高くなるので、前もってしきい値電圧を低く設計する必要がある。ソース電位が0Vから浮き上がる場合は、ＭＯＳＦＥＴのソース側に抵抗成分を直列に接続した場合や、ＭＯＳＦＥＴを伝達（トランスファ）ゲート（後出）として使う場合におこる。ｎチャネルの場合、ソース電位が 0V から V_S（>0V）に変化すると、基板電位が0Vのままであっても、ソース電位を基準にした基板電位は$-V_S$となる。この場合、基板電圧が加わるとしきい値電圧が高くなるので、ＭＯＳＦＥＴが早く遮断してしまい、ソース電位を高い値に引き上げるのが難しくなる。

(5.5) 電極間容量

　　　ゲート電極にしきい値電圧以上の正電圧を加えたオン状態のｎチャネルＭＯＳＦＥＴを考える。この場合、ゲート電極に正電荷が誘起され、その正電荷から発した電気力線は同量の負電荷に終端している。ここではその負電荷が反転層の電子だけであると仮定する。終端負電荷としては、表面空乏層のイオン化したアクセプタやソース・ドレイン電極に誘起された電子なども考えられる。しかし、前者はグラデュアルチャネル近似では無視することができ、後者の影響はゲート電極とソース・ドレイン電極間の重なり容量として別途取り扱うことができる。

　　　上記のような仮定をすると、ゲート容量をグラデュアルチャネル近似を用いて計算できる。ソース電極からの距離 x における反転層電荷を $Q_i(x)$ とすると、ゲート電極電荷 Q_G は

$$Q_G = W \int_0^L Q_i(x) dx = W \int_0^{V_D} Q_i(x) \frac{dx}{dV_C} dV_C$$

と表わされる。この式を(3-7)～(3-8)式を用いて計算すると、

$$Q_G = \frac{WLC_{OX}}{3(V_G - V_{TH} - V_D/2)} \times \{(V_G - V_{TH} - V_D)^2 + (V_G - V_{TH} - V_D)(V_G - V_{TH}) + (V_G - V_{TH})^2\} \quad (5-5)$$

が得られる。この式を V_G、V_D、V_S で微分すると、ゲート容量 C_G、ゲート・ドレイン間容量 C_{GD}、ゲート・ソース間容量 C_{GS} がそれぞれ得られる。

図 5-3 は(5-5)式から求めた各容量を示したものである。グラデュアルチャネル近似が成立しない $V_G-V_{TH} \leq V_D$ の領域では、$V_G-V_{TH}=V_D$ の値が使われている。その値は $C_G=2WL\, C_{OX}/3$、$C_{GD}=0$、$C_{GS}=C_G-C_{GD}=2WL\, C_{OX}/3$、である。すなわち、ピンチオフするとゲート・ドレイン間容量がなくなり、ゲート容量はゲート・ソース間容量だけになる。そしてその値はゲート面積の 2/3 を持ったゲート酸化膜容量になる。

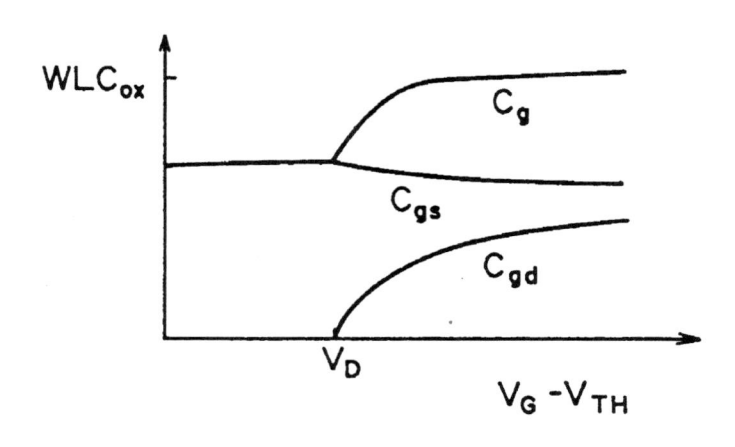

図 5-3 「MOSFETのゲート容量」

(5.6) 短チャネル効果と狭チャネル効果

しきい値電圧を表した(3-6)式に含まれる構造パラメータ N_A や C_{OX} が同じ値であっても、チャネルが短くなるとMOSFETのしきい値電圧が低下したり、しきい値電圧のドレイン電圧依存性が大きくなる。これは電界の2次元効果で起こることで、短チャネル効果と呼ばれる。この効果は1次元で計算された(3-6)式では表現できない。MOSダイオードでは、ゲート電極より発した電気力線はMOS表面空乏層のイオン化したアクセプタで終端する。同様にｐｎ接合では、ｎ型ソースドレイン領域内のイオン化したドナーから発した電気力線はｐ型基板内のイオン化したアクセプタで終端する。そのため、表面空乏層とｐｎ接合空乏層が隣接した場合、それらの重なり合ったところでは、ゲートから来る電気力線を終端するイオン化したアクセプタの領域とソースドレインから来る電気力線を終端するそれの領域が共存することになる。このことは、ゲート電極から発した電気力線を終端するアクセプタが、ソースドレイン領域が存在することによる2次元効果の結果、減少することに相当する。その結果、しきい値電圧を決めていた表面空乏層電荷 (Q_B) が見掛け上少なくなるので、その分しきい値電圧が低下する。

狭チャネル効果は、MOSFETのチャネル幅が素子分離構造で決まる特徴長さと同程度になったときに観測される。例えば通常のnチャネルMOSICに使われるLOCOS素子分離の場合を考える。素子分離領域は、その上にゲート電極が配線されている場合でも通常の動作電圧では反転層ができないように設計されている。すなわち、素子分離領域のフィールド酸化膜の厚さ、あるいその下に形成されるチャネルストップと呼ばれるp型拡散層の不純物濃度をMOSFET形成部よりも大きくすることによって、その部分のしきい値電圧が動作電圧よりも十分に高い値になるようにしてある。一方、フィールド酸化膜やチャネルストップの不純物は製造段階で横方向にも広がるため、それらが隣接するMOSチャネル部に侵入する。この侵入長とチャネル幅が同程度になると、MOSFETのしきい値電圧は高くなる。このような現象が狭チャネル効果である。

これら短チャネル効果と狭チャネル効果はMOSFETの微細化にとって重大な障害となっており、デバイス学の分野では、その抑制やその効果を見込んだ設計法の研究がなされている。

(5.7) スケーリング則

MOSFETを小形化すると高密度で高性能のLSIを作ることができる。スケーリング則はそのような小形化したMOSFETを設計するためのガイドラインである。MOSFETを小形化する時、その特性を著しく劣化させることなく小形化の長所を得ることが必要である。スケーリング則によると、MOSFET各部の寸法と電圧を一定の割合で減らし、不純物濃度をその割合で増やせば、MOSFET内部の電界分布を相似形で縮小することができるというのである。MOSFET内部の電界分布を変えないように比例縮小するのであるから、特性が劣化しないことが科学的に証明される。

上記スケーリング則に従って各部の寸法や電源電圧を $1/\kappa$ ($\kappa \geqq 1$) に比例縮小し、不純物濃度をκ倍した場合、デバイス遅延時間が $1/\kappa$、消費電力が $1/\kappa^2$、そして集積度が κ^2 にそれぞれ改善される。このことは、MOSFETの電流電圧の式、インバータの動作速度や消費電力の近似式を用いて示される。このことからも明らかなように、MOSFETの小形化はMOSLSIの高集積化、高性能化にとって非常に有効である。現に、80年代以降設計寸法が年 0.9 倍の割合で小形化されている。

ところがMOSFETの特性を決める物理量の中にはスケーリングされないものがある。既に出てきた量のうち仕事関数差などを含む V_{FB} や ϕ_f などの量はほぼ定数であり、スケーリングされない。素子が小形化されてもチップの大きさを変

えずに集積度を高める傾向があるため、配線の長さもスケーリングされない。電源電圧が大きく、配線抵抗が無視できる場合にはそれらの量がスケーリングされないことの影響は小さかったが、小形化が進むに従い、それらの問題が重大になってきている。その結果、小形化しても性能は改善されなくなる限界が近づいていると考えられている。

(5.8)演習問題

[1] 基板不純物濃度 $1\times10^{16}\mathrm{cm}^{-3}$、ゲート酸化膜厚 50nm、フラットバンド電圧 -0.8V、ホール移動度$\mu_P=250\mathrm{cm}^2\mathrm{V}^{-1}\mathrm{sec}^{-1}$、チャネル幅 20μm、チャネル長 5μm のpチャネルMOSFETのしきい値電圧 V_{TH}、利得定数 β、$V_G=V_D=-5\mathrm{V}$ におけるドレイン電流をそれぞれ求めよ。

[2] 問題[1]のpチャネルMOSFETのしきい値電圧を -1V にするためには、どのような不純物を、どの程度（ドーズ量、単位 cm^{-2}）、チャネルドープする必要があるか。

[3] 問題[1]のpチャネルMOSFETの基板電圧を +2.5V にした時と -2.5V にした時に、それぞれどのようなことが起こるか。もししきい値電圧が変化するならば、その変化量を計算せよ。

§6 MOSインバータ

(6.1)インバータ

　　コンピュータは"0"と"1"の2進情報を取り扱う論理回路で構成される。ここではMOSFETを用いてその論理回路を実現した場合の物理的実体とその性質について述べる。実際の形と性質が明らかになれば、論理回路の「動作の確実性」、「動作速度」、「消費電力」、「占有面積」、「信頼性」などという性能が明らかになるからである。コンピュータの性能は論理回路を用いたその構成方法の優劣だけでなく、論理回路自体の性能にも大きく依存するから、このことを学習することはコンピュータを学習する者にとって重要である。

　　論理回路は"0"と"1"の2進情報の入力に対してNOT、AND、ORなどの論理演算を行った結果を2進情報として出力する回路である。論理回路においては、2進情報に対して2つの電圧状態、「高」および「低」電圧状態を対応させ、それら2つの電圧を入力することにより「オン」および「オフ」の2つの導通状態を持つトランジスタをスイッチング素子として使う。論理回路はそのようなスイッチング素子を用いて論理演算を行えるように構成された回路である。このような論理回路においてはNOT回路であるインバータが基本になる。図6-1にMOSFETで構成したインバータを示す。

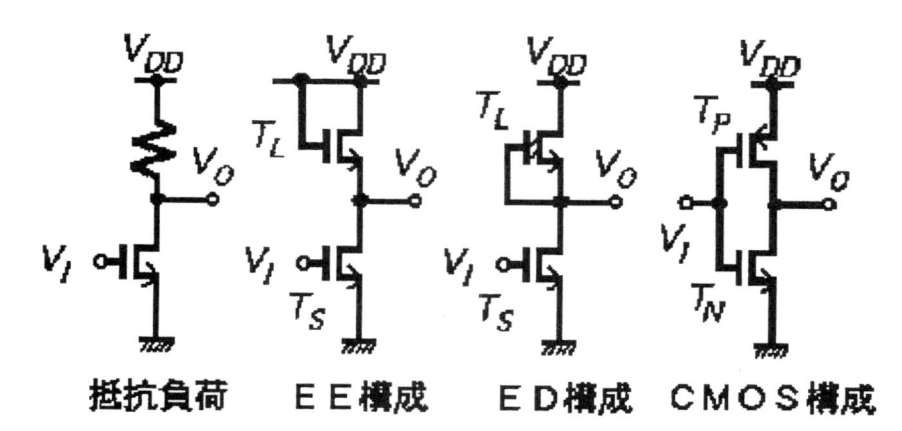

抵抗負荷　　EE構成　　ED構成　　CMOS構成

図6-1「各種MOSインバータ」

　　インバータは入力信号とは逆の出力信号、すなわち高電位の入力に対しては低電位の出力を、低電位の入力に対しては高電位の出力を与えるという機能を持つ。それは1つのスイッチング素子と1つの負荷素子の組み合わせ（図6-1の左側の3つの構成）、あるいは2つの相補型スイッチング素子の組み合わせ（図6-1のCMOS構成）で構成される。それは基本的には信号増幅回路と同じである。現

在および将来の主流はＣＭＯＳ論理回路であるから、それを中心に議論することにする。しかしそれをきちんと理解するためには、それ以外の論理回路のことを知り、その位置付けをはっきりさせておく必要がある。

　　　　ＣＭＯＳ以外のＭＯＳ論理ゲートとしては、エンハンスメント（Ｅ）型ｎチャネルＭＯＳＦＥＴをスイッチングデバイスとして、抵抗あるいはｎチャネルＭＯＳＦＥＴを負荷デバイスとして構成したものが幾つかある。負荷デバイスとして抵抗を用いたものをＥ－Ｒ構成、エンハンスメント型ＭＯＳＦＥＴを用いたものをＥ－Ｅ構成、デプレッション（Ｄ）型ＭＯＳＦＥＴを用いたものをＥ－Ｄ構成と呼ぶ。

　　スイッチング：Switching、導通、遮断すること。スイッチングデバイスは２端子間の導通、遮断を第３端子で制御するもので、端子を３つ以上もつ。
　　ＣＭＯＳ：相補（Complementary）ＭＯＳ
　　負荷素子：抵抗のような単調な電流－電圧特性を持つ２端子素子。スイッチング素子とそのオン時とオフ時の中間の抵抗値をもつ負荷デバイスを組合せてインバータを構成する。
　　エンハンスメント：Enhancement、ゲート電圧 V_G＝0V でオフ状態のもの。
　　デプレッション：Depletion、ゲート電圧 V_G＝0V でオン状態のもの。

(6.2) 直流伝達特性

　　　図 4-1(b)のようにインバータの入力電圧 V_I と出力電圧 V_O のＤＣ的な関係を表したものを直流伝達特性と呼ぶ。この関係は、ＭＯＳＦＥＴのドレイン電流の式

$$I_{DS} = \begin{cases} 0 & (V_I \leq V_{TH}) \\ \beta\left\{(V_I - V_{TH})V_O - \dfrac{V_O^2}{2}\right\} & (V_{TH} < V_I,\ V_O \leq V_I - V_{TH}) \quad (3-8) \\ \dfrac{\beta}{2}(V_I - V_{TH})^2 & (V_{TH} < V_I,\ V_I - V_{TH} < V_O) \quad (3-10) \end{cases}$$

と負荷素子の電流電圧の関係式

$$I = f(V_{DD} - V_O) \quad\quad\quad\quad (6-1)$$

を、電流 I を等しいとおいて解けばいい。なお、これらの式では各部の電圧、電流、抵抗などの値として図 6-1 に示した記号を用いている。

　　　通常、上記の方程式を解析的に解くことは難しいため、グラフを用いて解の性質を調べることが多い。図 6-2(b)は、次に述べるＥ－Ｅ構成について、それを示したものである。スイッチング素子となるＭＯＳＦＥＴの電流電圧特性の上に、

左右方向に裏返した負荷素子の電流電圧特性を重ね、その交点の軌跡から V_I と V_O の関係を求める。E－E構成の負荷素子はゲートとドレインを短絡したMOSFETなので、図 6-2(a)のように、ダイオードに似た下に凸の電流電圧特性を示す。

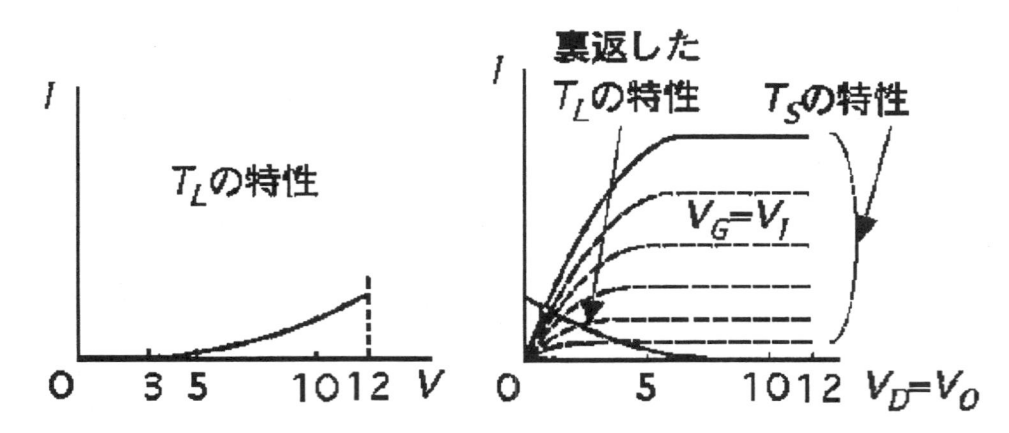

図 6-2「(a)負荷用E－MOSFETの特性と(b)伝達特性の求め方」

　　直流伝達特性からは、図 4-1(b)に示されるように、入力が高（低）電位と見なせる下（上）限値 V_{IH}（V_{IL}）、出力が高（低）電位のときの値 V_{OH}（V_{OL}）、出力に雑音が加わって入力になった時に誤動作を起こさないための許容雑音である雑音余裕（NM）、$V_{OH}-V_{OL}$ である論理振幅などの性能を知ることができる。インバータのような論理ゲートが複数段直列につながった場合には、各論理ゲートの出力が次段論理ゲートの入力になる。そのような多段論理回路では、多少雑音によって入力電位が中途半端な値になっても、各論理ゲートがきちんと高／低電位の出力を与えることが、誤動作を起こさないために必要である。上記性能指数はその「信号再生機能」の性能を表す。インバータはもっとも簡単な論理ゲートと考えることができるから、その直流伝達特性から上記性能指数を求めることは論理回路の設計において重要な作業である。

　　V_I がスイッチング用MOSFETのしきい値電圧以下の場合、そのチャネル抵抗はほとんど無限大と考えることができるため、抵抗分割で得られる出力電圧 V_{OH} は V_{DD} に等しい。一方 V_I が高電位の場合、出力電圧 V_{OL} はスイッチング用MOSFETのチャネル抵抗 R_{CH} と負荷素子の抵抗値 R_L を用いて、$V_{OL}=R_{CH} V_{DD}/(R_{CH}+R_L)$ と表される。V_{OL} は次段の V_I になることから、それをスイッチング用MOSFETのしきい値電圧以下にする必要がある。そのためには、例えばそのしきい値電圧を V_{DD} の 1/10 程度と仮定すると、$R_L/R_{CH} \geqq 9$ でなければならない。このようにインバータではスイッチング素子のオン抵抗を負荷素子の抵抗の 1/10 程度の小さい値にする必要がある。このことはスイッチング用MOSFETのオン電流を大きくすること、すなわち β と V_I を大きくし、V_{TH} を低くすることにより実現される。

上記のようにV_{OL}がスイッチング素子と負荷素子の抵抗比で決まる回路のことをレシオ(ratio)回路と呼ぶ。このような回路では両素子の抵抗比（レシオ）が設計上重要になる。一方、後で出てくるＣＭＯＳ構成インバータでは、負荷素子はなく両方ともスイッチング素子であるため、V_Oが抵抗比に関係なく決まる。このような回路をレシオレス回路と呼ぶ。

(6.3) Ｅ－Ｅ構成インバータ

Ｅ－Ｅ構成インバータは負荷素子としてＧＤ短絡ＭＯＳＦＥＴを用いたものである。ＧＤ短絡ＭＯＳＦＥＴの電流電圧特性はダイオードのそれに似た非線形であるが、アナログ信号の増幅回路と違って、論理ゲートにとってはそのようなことは問題にならない。ＧＤ短絡ＭＯＳＦＥＴの電流電圧特性は、図 6-2(a)のように、下に凸になることから、オン－オフ間を遷移する場合にそれに流れる電流は少ない。特にV_Oが高電位になると電流はゼロに限りなく近くなる。このことは出力を高電位に上げる時の動作速度が遅くなることを意味する。

Ｅ－Ｅ構成インバータのV_{OH}とV_{OL}は次のように近似できる。ゲートとドレインが同電位になる、負荷用ＧＤ短絡ＭＯＳＦＥＴは常に飽和状態で動作する。一方、スイッチング用ＭＯＳＦＥＴは出力低電位の場合線形領域、高電位の場合飽和領域にあると考えられる。この場合、負荷用ＧＤ短絡ＭＯＳＦＥＴのしきい値電圧をV_{TL}、ベータをβ_L、スイッチング用ＭＯＳＦＥＴのそれらをV_{TS}、β_Sと定義すると、

$$V_{OH} = V_{DD} - V_{TL}(V_{OH}) \tag{6-2}$$

$$V_{OL} = \frac{\{V_{DD} - V_{TL}(0)\}^2}{2\beta_R(V_{OH} - V_{TS})} \tag{6-3}$$

となる。ここで$\beta_R = \beta_S / \beta_L$（$\beta$レシオと呼ぶ）であり、$V_{TL}$の括弧内は基板電圧（(5-4)式に示されるようにしきい値電圧は基板電圧の関数である）を示している。(6-3)式の導出ではV_{OL}を小さいとして、かなり乱暴な近似をしているが、それによって複雑なパラメータを簡単な数式で表現できるので、回路設計にとって見通しのよいものになっている。

Ｅ－Ｅ構成インバータは次のような性質を持つ。まず(6-2)式から、V_{OH}は電源電圧よりも、しきい値電圧 V_{TL} 分低下することがわかる。(6-3)式から、V_{OL}を下げるためにはβ_Rを大きくして、V_{TS}を下げる必要があることがわかる。以上の結果と後述の結果を考慮すると、Ｅ－Ｅ構成インバータには次のような問題点を持つ。

1）電源利用率が低い（$V_{OH} < V_{DD}$である）
2）動作速度が低い

(6.4) E-D構成インバータ

E-D構成インバータは負荷素子をGS短絡デプレッションMOSFETで置き換えたものである。その直流伝達特性は図6-3のように求めることができる。GS短絡MOSFETの電流電圧特性は上に凸で、端子間電圧がゼロに近付くまでほぼ一定の電流を流すことができるため、出力を高電位に引き上げる時の動作の高速化に有利である。

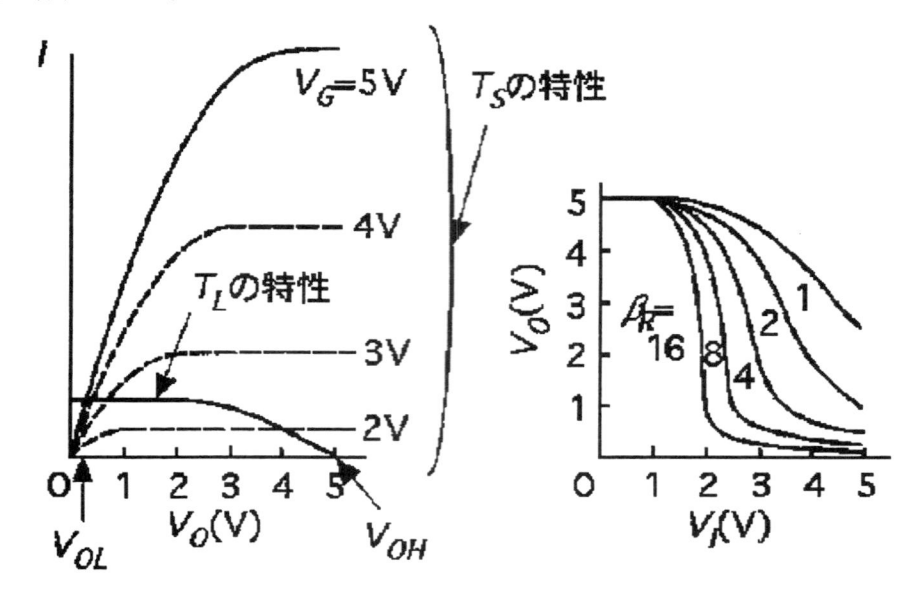

図6-3「E-D構成インバータの特性」

E-D構成インバータのV_{OH}とV_{OL}は次のように近似できる。$-V_{TL}$が小さいとすれば、負荷用GS短絡MOSFETはほぼ常に飽和状態で動作する。一方、スイッチング用MOSFETは出力低電位の場合線形領域、高電位の場合飽和領域にある。この場合、

$$V_{OH} = V_{DD} \tag{6-4}$$

$$V_{OL} = \frac{\{-V_{TL}(0)\}^2}{2\beta_R(V_{OH} - V_{TS})} \tag{6-5}$$

と表される。記号はE-E構成の場合と同じである。ただ、$V_{TL}<0$であることに注意する必要がある。さらにインバータのしきい値V_Cを$V_I=V_O=V_C$と定義するとこれは、両MOSFET共飽和領域と考えると、

$$V_C = V_{TS} + \frac{-V_{TL}(0)}{\sqrt{\beta_R}} \tag{6-6}$$

と表せる。この値は"0"と"1"における雑音余裕を偏らせないために、$V_{DD}/2$付近にあることが望まれる。

以上の結果と次に述べるＣＭＯＳ構成インバータの特徴を考慮すると、Ｅ－Ｄ構成インバータは次のような特徴を持つ。
　　１）電源利用率が高い（$V_{OH}=V_{DD}$である）
　　２）Ｅ－Ｅより高速である
　　３）レシオ回路であり、βレシオが小さいと動作が不安定になる
　　４）β_Sを大きくする必要性から面積が大きくなる
　　５）出力が低電位の場合、貫通電流が流れ続ける

(6.5)演習問題

　ｎチャネルＭＯＳＦＥＴで構成したＥ－Ｄ構成インバータを、$V_{DD}=5V$で動作させる場合について、次の各問に答えよ。ただし、次の数値を用いよ。$\mu C_{OX}=4\times10^{-5} A/V^2$（この数値は電子の移動度：$\mu=600 cm^2/Vsec$とゲート酸化膜厚：$t_{OX}=50nm$の時に、単位面積あたりのゲート容量：$C_{OX}=6.8\times10^{-8} F/cm^2$となることから求まる）、スイッチング用ＭＯＳＦＥＴT_Sのしきい値電圧 $V_{TS}=1V$、$W=10\mu m$、$L=5\mu m$、負荷用ＭＯＳＦＥＴT_Lのしきい値電圧 $V_{TL}=-4V$、$W=5\mu m$、$L=20\mu m$ とする。
(a) ＭＯＳＦＥＴT_S、T_Lの利得定数β_S、β_Lを求めよ。
(b) インバータ出力の高レベルV_{OH}、低レベルV_{OL}、しきい値V_Cを求めよ。

§7 CMOS論理回路

(7.1) CMOS構成インバータ

オン状態のスイッチング素子は有限の値を持った抵抗と同じものと考えられるが、オフ状態のそれはスイッチが切れた場合のように無限に大きい抵抗と考えられる。そのため、インバータを相補的にオンオフする２つのスイッチングデバイスで構成すると、オン状態での抵抗比に関係なく確実に動作するものが得られ、出力 V_{OH}、V_{OL} はそれぞれ電源電圧までフルスイングする。CMOS構成インバータはこのような回路であり、２つのスイッチング素子のオン抵抗に関係なく出力が決まるので、レシオレス回路と呼ばれる。その回路は、負荷素子をｐチャネルＭＯＳＦＥＴで置き換え、そのゲートに入力信号をそのまま加えたものである。その直流伝達特性は図7-1のように求めることができる。

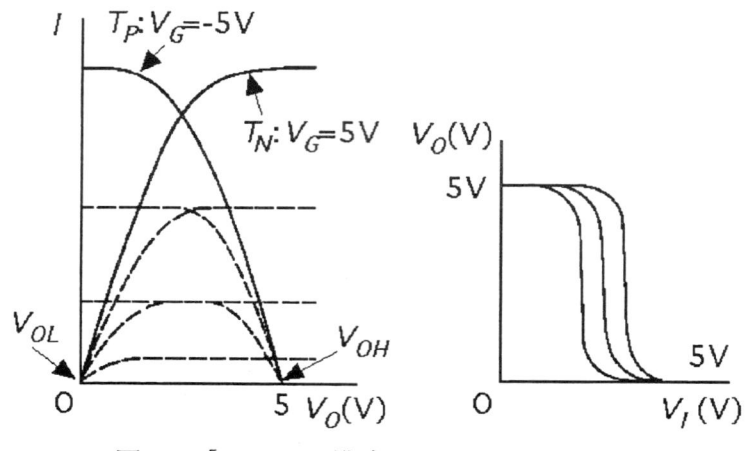

図7-1「ＣＭＯＳ構成インバータの特性」

ＣＭＯＳ構成インバータの V_{OH} と V_{OL} はそれぞれ V_{DD} と０Ｖである。回路としてのしきい値 V_C は両ＭＯＳＦＥＴ共に飽和領域として計算すると

$$V_C = \frac{V_{DD} + V_{TP} + \sqrt{\beta_R} V_{TN}}{1 + \sqrt{\beta_R}} \tag{7-1}$$

なる。ここで、V_{TP} と V_{TN} はそれぞれｐ、ｎチャネルＭＯＳＦＥＴのしきい値電圧であり、他の記号は従来と同じである。両ＭＯＳＦＥＴが飽和領域動作の所にしきい値があるため、直流伝達特性の曲線はその部分で垂直になり、大きい増幅率を示す。

ＣＭＯＳ構成インバータの特徴の１つはレシオレス回路であることである。レシオ回路インバータを設計する場合、次段のスイッチングＭＯＳＦＥＴがオフす

るように、出力の低電位がそのしきい値電圧以下になるようにする必要がある。そのため、例えばE－D構成インバータでは、βレシオを大きくする必要がある→スイッチング用nＭＯＳＦＥＴのチャネル幅を大きくする必要がある→占有面積が大きくなる、という問題が生じる。それに対してレシオレス回路であるＣＭＯＳ構成インバータにはそのような制約はなく有利である。また、静止状態（入力が低あるいは高電位の場合）どちらかのＭＯＳＦＥＴがオフ状態にあるため、電力消費がない。

　　　　ＣＭＯＳ構成インバータの特徴のもう１つは、両ＭＯＳＦＥＴ共に基板電位が固定されており、基板電圧効果がないことにある。E－EあるいはE－D構成インバータのようにnチャネルＭＯＳＦＥＴを負荷素子として使用すると、そのソース電位が0VからV_Sに上昇したときにV_S分の基板電圧がかかることになる。ＭＯＳＦＥＴのしきい値電圧は基板電位をV_{SUB}とすると(5-4)式のように表される。

$$V_{TH} = V_{FB} + 2\phi_f + \frac{\sqrt{2K_S\varepsilon_0 qN_A(2\phi_f + |V_{SUB}|)}}{C_{OX}} \tag{5-4}$$

そのためソース電位がV_Sに上昇した場合、V_{TH}がこの式で$|V_{SUB}|=V_S$とした値まで上昇するので、その分電流が減る。一方、ＣＭＯＳ構成の場合、負荷素子の部分にあるものはpチャネルＭＯＳＦＥＴである。pチャネルＭＯＳＦＥＴにとっては、ソースも基板もV_{DD}に接続されており、ドレインが出力端子に接続されていることになる。pチャネルＭＯＳＦＥＴは負荷素子として働くのでなく、極性を逆にしたスイッチング素子として働く。そのため、両ＭＯＳＦＥＴ共ソース電位は固定されており、基板電位が動くことはない。

　　　　ＣＭＯＳ構成インバータでは出力電圧がフルスイングする。nチャネルＭＯＳＦＥＴがスイッチング素子の位置にある場合、すなわちソース接地の場合、ドレイン電圧を0Vまで下げることができる。しかし、それが負荷素子の位置にある場合（この場合をソースフォロアと呼ぶ）、例えばE－E構成インバータのＧＤ短絡ＭＯＳＦＥＴのような場合、そのソース電位は$V_{DD}-V_{TH}$までしか引き上げることができない。反転層にソース（低電位側の導電電極）から電子を注入するというＭＯＳＦＥＴの動作原理ゆえにこうなるのである。さらにV_S分の基板バイアスが掛かってV_{TH}は大きくなっているので、引き上げることのできるソース電位はその分さらに低くなる。この事情は、pチャネルＭＯＳＦＥＴについても極性が換わるだけで全く同じである。ところが、ＣＭＯＳ構成インバータのように両方のＭＯＳＦＥＴがソース接地で動作する場合には、出力電位を0VからV_{DD}までフルスイングさせることができる。このことのため、ＣＭＯＳ構成は電源電圧を信号電圧として有効に使えるという優れた特長を持つ。

　　　　その他次のような特徴がある。入力端子はp、n両チャネルＭＯＳＦＥＴ

のゲート電極につながっているため、E－D構成などと比べると入力容量が大きい。p、n両チャネルMOSFETを製造するため、後で説明するように、構造が複雑になり、製造方法や占有面積が大きくなる。その他、p、n両チャネルを形成すると、寄生のバイポーラ素子ができる、伝導率の小さいホールを使わなければならないなどの問題がある。

　　以上の結果、CMOS構成インバータは次のような特徴を持つ。
　　１）直流伝達特性が安定
　　２）静止時のDC電流がない
　　３）雑音余裕が大きく、フルスイングできる
　　４）ゲート入力容量が大きい
　　５）製造工程が複雑になる
　　６）面積が大きい
　　７）ラッチアップなどの問題がある

(7.2)論理ゲート

　　E－DおよびCMOS構成の２入力NORおよび２入力NANDの例を、図7-2にそれぞれ示す。E－D構成の場合、インバータにスイッチング用MOSFETを並列（NOR）あるいは直列（NAND）に追加することによって、２入力の論理ゲートを構成することができる。ただし、これらスイッチング用MOSFETがオンの時の抵抗は、追加したMOSFETの大きさや接続方法によって変化するため、その直流伝達特性が変化することに注意が必要である。NORゲートの場合、インバータと同じβを持つMOSFETを追加して２入力NORを構成すると、両入力共高電位の場合のスイッチング用MOSFETのオン抵抗はインバータのそれの１／２になる。同様に、２入力NANDの場合、スイッチング用MOSFETのオン抵抗はインバータのそれの２倍になる。スイッチング用MOSFETのオン抵抗が低下する影響はそれほど重大ではないが、増大することは直流伝達特性や動作速度に重大な影響を与える。そのため２入力NANDの場合、スイッチング用MOSFETのオン抵抗をインバータのそれと同じにするために、そのチャネル幅をインバータの場合の２倍にする必要がある。このことから、E－D構成の場合にはNANDよりもNORを用いた方がスイッチング用MOSFETのチャネル幅の総和を小さくでき、その分占有面積、入力容量という性能を高くすることができる。

　　CMOS構成ではp／n両チャネルMOSFET共にスイッチング用として使われるから、インバータの両方のMOSFETにそれぞれ１つずつMOSFETを追加することによって、２入力の論理ゲートを構成する。接続方法は、nチャ

ネルに対してはＥ－Ｄ構成の場合と同じであるが、ｐチャネルに対しては直並列が入れ替わる。そのため、いずれの場合もＭＯＳＦＥＴの直列接続が必要になる。ただ、ｎチャネルの方がｐチャネルよりもオン抵抗が低いことから、ｎチャネルを直列接続にするＮＡＮＤを用いた方がＮＯＲを用いるよりもチャネル幅の総和を小さくでき、その分高性能の論理回路を得ることができる。

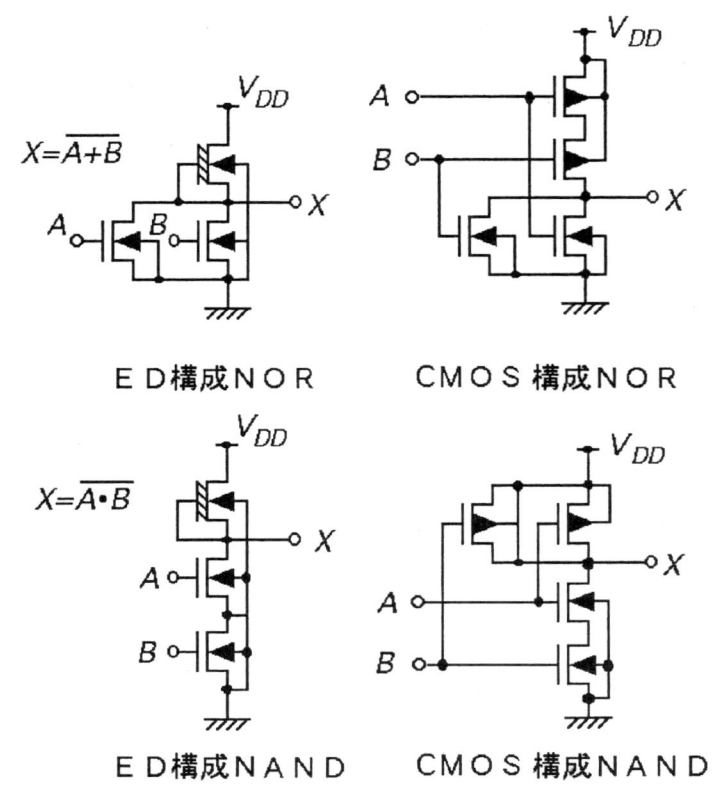

図7-2「２入力ＮＯＲおよびＮＡＮＤ回路」

　　　　論理ゲートの入力／出力の数をファンイン／ファンアウトと呼ぶ。論理ゲートが正常に動作するためには、通常ファンイン／ファンアウト数に上限が設定されている。図7-2の例は、いずれもファンインが２である。そこで説明したように、ファンインが増えるとスイッチング用ＭＯＳＦＥＴのオン抵抗が変わり、直流伝達特性が変化する。ＭＯＳＦＥＴを直列接続する場合にはそのチャネル幅を大きくしてそのような変化を小さくするが、その場合にはゲート容量が増大するため、前段の論理ゲートの電流駆動能力を大きくする補正が必要になる。一般にこの様な補正には限界がある。特にＥ－Ｄ構成では、ファンインが増えても負荷抵抗が同じなので、ファンインが増えることによる直流伝達特性への影響が大きい。ファンアウトが増えると出力端子につながる負荷容量が増大する。これは、後で説明するように

動作を遅くするので、論理ゲートにとって好ましくない。そのため、通常ファンイン／ファンアウト数には上限が定められている。

図 7-3(a)に伝達ゲート（transfer gate）と呼ばれる信号の伝達遮断のスイッチを行うゲートを示す。これは論理ゲートとは異なり信号増幅作用を持たないが、同図(b)の例のように、少ない素子数で論理回路を構成できるので、回路の簡単化に使われる。ただ、伝達ゲートは信号再生能力がないので、多用すると誤動作の原因になる。便利ではあるが使い方には注意が必要である。

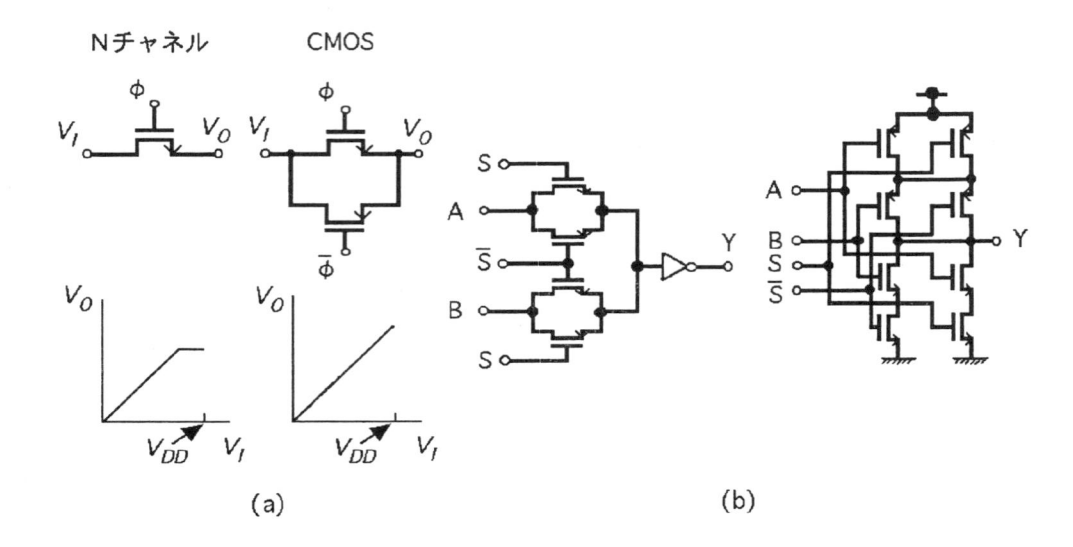

図 7-3「伝達ゲート」
(a)伝達ゲートの構造と入力電圧 V_I と出力電圧 V_O の関係、(b)選択回路を伝達ゲートと通常のゲートで構成した例、入力信号 A、B のどちらかを S に従って選択し、出力 Y とする。

(7.3)演習問題

[1] 図 7-4 に示される論理回路をＣＭＯＳで構成せよ。

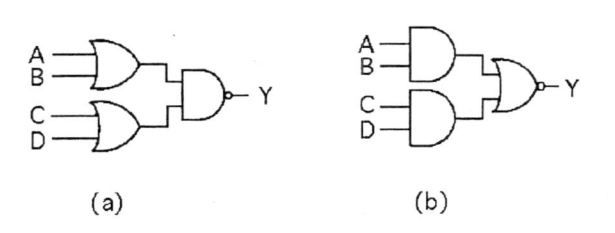

図 7-4「論理回路」

[2] ＣＭＯＳインバータについて次の各問に答えよ。ただし、次の数値を用いよ。$\mu_N C_{OX}=1\times10^{-4}$ A/V^2（この値は 電子の移動度：$\mu_N=600$cm^2/V.sec、ゲート酸化膜厚：$t_{OX}=20$nm の時に、単位面積あたりの容量：$C_{OX}=1.7\times10^{-7}$F/cm^2 となり、それから求まる。）、$\mu_P C_{OX}=6\times10^{-5}$A/V^2（$\mu_P$はホールの移動度）、ｎＭＯＳＦＥＴ$T_N$のしきい値電圧 $V_{TN}=1$V、$W_N=6\mu$m、$L_N=1\mu$m、ｐＭＯＳＦＥＴT_Pのしきい値電圧 $V_{TP}=-1$V、$L_P=1\mu$m、電源電圧 5V とする。

1) ｎＭＯＳＦＥＴT_Nの利得定数β_Nとゲートに 5V が加わった時の相互コンダクタンス g_{mN} の値を求めよ。
2) ゲートに 0V が加わった時のｐＭＯＳＦＥＴT_Pの相互コンダクタンスを g_{mP} をこれと等しくするには W_P を幾つにすればよいか。
3) 上記ＣＭＯＳインバータにおいて、$V_{SUBP}=2.5$V とした場合の影響を述べよ。
4) 同様に、$V_{SUBN}=-2.5$V とした場合の影響を述べよ。

§8 インバータの性能

(8.1) インバータに要求される性能

　　論理ゲートを用いて構成した集積回路の性能は、その論理回路自体の性能が高いほど高い。そのため、論理回路の基本であるインバータの性能がどのように決まるかを知ることは重要である。本章ではそのインバータの性能を学ぶ。インバータに要求される性能として次の様なものである。
　　　a) 動作安定性：中途半端な入力レベルに対しても明確な出力レベルを与える
　　　b) 速度：信号が入力してから逆相信号を出力するまでの遅延時間が短い
　　　c) 消費電力：動作電圧、動作電流、待機時電流が小さい
　　　d) 面積：占有面積が小さい
　　　e) 高信頼：長期間性能が劣化しない

a) 動作安定性については既に説明したように、直流伝達特性の雑音余裕が大きいことが望まれる。ここでは、b)、c) を中心に説明する。

(8.2) ＣＲ時定数について

　　図 8-1 のような回路で $t=0$ においてスイッチを切り換え、Ｓ点の電位を瞬時に v_0 から 0V に変化させた場合を考える。この時の抵抗・容量間の電位 v は次のように表される。

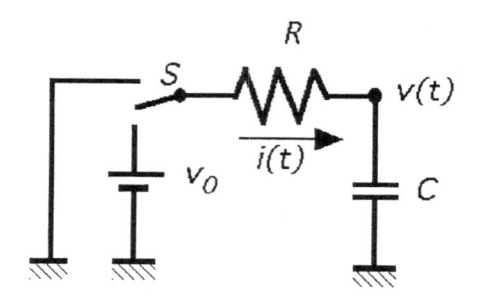

図 8-1「ＣＲ回路」

回路素子に流れる電流 i とその両端の電圧 v の関係から $i=-v/R$、$i=Cdv/dt$ の関係が得られるから、これらの式から i を消去すると

$$\frac{dv}{dt} + \frac{v}{CR} = 0$$

が得られる。この微分方程式は変数分離型であるから、解は

$$\int \frac{dv}{v} = -\int \frac{dt}{CR} + K$$

の形になる。ここで K は積分定数である。よって、解は

$$\log(v) = -\frac{t}{CR} + K, \quad v = K'e^{-\frac{t}{CR}}$$

となる。ここで $K' = e^K$ である。初期条件は $v(0) = v_0$ であるから、$K' = v_0$ である。よって、答えは

$$v = v_0 e^{-\frac{t}{CR}}$$

となる。P点の電位が0Vに落ち着くためには時定数 CR 程度の時間が掛かることになる。

　　　ＭＯＳ集積回路を構成する回路素子および寄生の素子は、ほとんどの場合抵抗と容量で近似できる。ＭＯＳ集積回路に含まれる基本的な回路素子はＭＯＳＦＥＴと容量であるが、それ以外にも各種寄生素子やダイオードなどが存在する。もちろん寄生のインダクタンスも存在するが、その影響は多くの場合無視できるので、考えなくてよい。そのため、ＭＯＳ集積回路内部での電圧変化は、多くの場合上記のＣＲ時定数の考え方で把握できる。ただ、ＭＯＳＦＥＴとダイオードは非線形で電圧依存の抵抗であり、かつ容量であると考えることができるから、刻々と抵抗値の変化する抵抗と容量から構成される回路と考える必要がある。

(8.3) ゲート遅延

　　　論理回路の動作速度はＣＲ時定数として見積もられる論理ゲートの遅延時間から計算できる。論理ゲート1段あたりの遅延時間は、負荷容量（出力端子につながる容量）C_L の充放電時間と考えることができる。負荷容量は

$$C_L = C_{OUT} + C_{WIRE} + C_{IN} \tag{8-1}$$

と表せる。ここで、C_{OUT} は論理ゲート出力部の容量、C_{WIRE} は配線部の容量、C_{IN} は次段論理ゲートの入力容量である。図5-2のＣＭＯＳ構成の場合を考えてみる。C_{OUT} はｎ／ｐ両チャネルＭＯＳＦＥＴのドレイン領域全体とゲートドレイン間容量になり、C_{IN} はｎ／ｐ両チャネルＭＯＳＦＥＴのゲート容量になる。負荷容量への充電電流は、ＣＭＯＳ構成の場合、ｐチャネルＭＯＳＦＥＴのチャネル電流であり（Ｅ－Ｄ構成の場合はＧＳ短絡デプレッションＭＯＳＦＥＴのそれである）、放電電流はｎチャネルＭＯＳＦＥＴのそれである。そのことからＭＯＳＦＥＴのチャネル抵抗 R_d とすると、ＣＲ時定数は $C_L R_d$ で表される。

　　　もう少し正確に遅延時間を計算してみよう。図8-2に示すようなＥ－Ｄ構成インバータの場合、充電電流はＧＳ短絡デプレッションＭＯＳＦＥＴのチャネル電流であり、それは次のように表される。

線形領域（線形領域：$V_{DD}-V_O \leqq 0-V_{TL}$）で

$$I_{DS} = \beta_L \left\{ (0-V_{TL})(V_{DD}-V_O) - \frac{(V_{DD}-V_O)^2}{2} \right\}、 \quad (8-2)$$

飽和領域（飽和領域：$0-V_{TL} < V_{DD}-V_O$）で

$$I_{DS} = \frac{\beta_L}{2}(0-V_{TL})^2。 \quad (8-3)$$

なおここで使用している記号は、図8-2に示すとおり、以前と同じ定義である。これらの式と容量充電の方程式

$$C_L \frac{dV_O}{dt} = I \quad (8-4)$$

を連立させて積分すると、V_OがV_{DD}の10%から90%まで上昇する時間t_{OFF}は

$$\frac{t_{OFF}}{\tau_L} = \frac{2(V_{DD}+V_{TL}-0.1V_{DD})}{-V_{TL}} + \ln(\frac{-20V_{TL}}{V_{DD}}-1) \quad (8-5)$$

と表せる。ここで$\tau_L = \frac{C_L}{\beta_L(-V_{TL})}$である。これと同じ計算は放電電流に対しても計算でき、同様にV_OがV_{DD}の90%から10%まで下降する時間t_{ON}は

$$\frac{t_{ON}}{\tau_S} = \frac{2(V_{TS}-0.1V_{DD})}{V_{DD}-V_{TS}} + \ln(\frac{20(V_{DD}-V_{TS})}{V_{DD}}-1) \quad (8-6)$$

と表せる。ここで$\tau_S = \frac{C_L}{\beta_S(V_{DD}-V_{TS})}$であり、$V_{OH}=V_{DD}$と仮定している。CMOS構成の場合の充電時間も(8-6)式と同様に表すことができる。

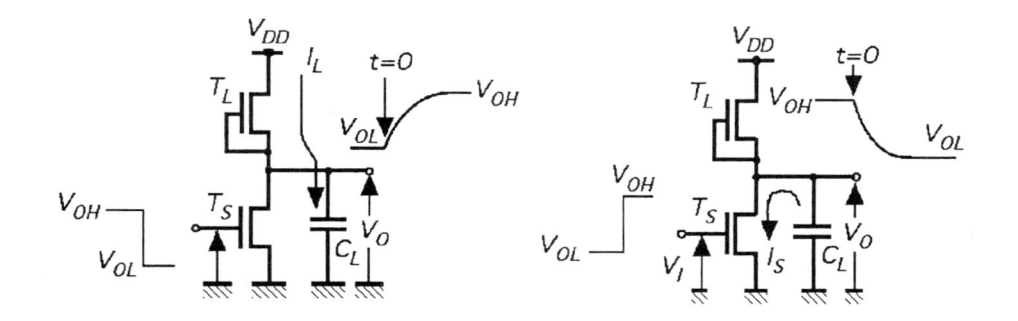

図8-2「E－D構成インバータの充放電動作」

　　　　これらの式からインバータの遅延を小さくするには、時定数τ_L、τ_Sを小さくすること、MOSFETのチャネル電流が流れやすいようにV_{TS}を小さく、$-V_{TL}$とV_{DD}を大きくすることが有効であることがわかる。τ_Lとτ_Sは上記のCR時定数に対応しており、抵抗に相当する量（$\beta_L(-V_{TL})$または$\beta_S(V_{DD}-V_{TL})$）は飽和領域のMOSFETのg_mあるいは$V_D \rightarrow 0V$におけるg_dに等しい。充放電動作では、その初期に流れるMOSFETの飽和領域電流が重要な働きをすることから、通常 $1/g_m$

が時定数 τ の定義式のチャネル抵抗 R_d に相当する量として使用される。このことから C_L/g_m が論理回路の動作速度を決定する重要なパラメータと考えられる。

(8.4) 回路シミュレーション

　　　実際の設計においては、比較的単純な近似式と正確なシミュレーションを組み合わせる。これまでに、ＭＯＳＦＥＴの電流電圧の式を用いて直流伝達特性と遅延時間を計算した。それらの計算は直感的な設計の助けになっている。例えば、上記の遅延時間の解析結果は、C_L/g_m が重要な性能指数になることや、高速化のためのしきい値電圧の設定方法など、大体の設計のための方向付けを与えてくれる。ただこれらの計算結果は近似を多用することによって精度が低下しているし、結果の式全体はかなり複雑な式になっており、直感的な設計にとってそれほど有効ではない。そこで実際の設計においては、これら近似式の比較的単純な部分と正確な計算機シミュレーションを組み合わせる。シミュレーションはある特定の条件下での正確な遅延時間を計算してくれる。そのため、それと設計指針を与える近似式を組み合わせれば、お互いに足りない部分を補い合うことができるのである。

　　　回路シミュレーションではＭＯＳＦＥＴの電流電圧特性と容量電圧特性のモデルを使って、刻々と変わる各部の電圧に対して、刻々と変わる電流と容量を計算し、充電放電による電圧変化を計算する。代表的なシミュレータにＳＰＩＣＥというものがあり、世界中で使われている。このようなシミュレータでは、ＭＯＳＦＥＴの電流や容量モデルの正確さ、計算の容易さが重要である。実際に使われているモデルは、§3で述べた方程式が基礎になっている。

(8.5) 消費電力

　　　インバータ動作における消費電力 P は、負荷容量 C_L への充放電に寄与する成分（充放電成分）とそうでない成分（貫通電流成分）に分けられる。前者は
$$P \sim f C_L V_{DD}^2$$
と見積もることができる。ここで f は動作周波数、C_L は(8-1)式で表される負荷容量である。負荷容量のうち $C_{OUT}+C_{IN}$ にはインバータ動作にとって必須の部分を含んでおり、その充放電をなくすことはできない。一方、$C_{OUT}+C_{IN}$ の寄生容量部分と C_{WIRE} の充放電は動作上必ずしも必要でないため、小さいほど好ましい。$C_{OUT}+C_{IN}$ の値はＭＯＳＦＥＴの大きさ LW にほぼ比例する。C_{WIRE} も配線の長さで決まるので、LW の単調関数になる。よって小形化は消費電力の削減に効果がある。

　　　貫通電流成分は負荷容量に依らず電源から接地電位まで貫通して流れる電荷によって消費される電力であり、それで消費される電力はインバータ動作にとっ

て不要の電力である。典型的な貫通電流はE－D構成インバータの待機時電流である。E－D構成インバータの出力が低レベルの場合、負荷MOSFETにV_{DD}が加わり、インバータが静止していてもその分の電流が常に流れる。この電流は負荷容量を充放電するというインバータの動作にとって何ら寄与しない。CMOS構成では待機時に貫通電流が流れないが、出力が変化する場合に貫通電流が流れる。そのため、絶えず高速動作している回路では、CMOS構成であっても貫通電流が重大である。

　　　　一般に低電力と高速性は両立しない。E－D構成インバータでは、負荷MOSFETが大きな電流を流せるならば、充電時間の短縮が可能になる。一方、そのことは貫通電流の増大になり消費電力を増大させる。CMOS構成の場合も同様で、MOSFETのg_mが大きく高速動作に適していれば、出力が変化する場合に流れる貫通電流が大きくなり、消費電力が大きくなる。

　　　　上記のことから低消費電力にとっては、まず貫通電流の低減、次に配線容量、寄生容量の低減、そして動作周波数と電源電圧の低下が有効であることがわかる。ただ、最後の動作周波数と電源電圧の低下は動作速度を低下させるので、時計用LSIのような特殊な用途以外望ましいものではない。貫通電流と配線容量の低減を図るためには、注意深い設計で必要以上に大きいMOSFETを使わないこと、レイアウトの最適化、微細化そして配線の多層化によって配線を短くすること、絶縁材料の誘電率を小さくすることなどの改善方法が考えられる。

(8.6) その他の性能

　　　　初めに列挙した性能のうち残りの部分についてコメントしておく。d)面積は歩留り（良品率）、コストそして配線容量をとおして速度、消費電力に関係するので、それを低減することは重要である。一般にLSIを形成するウエハには一定の面密度で欠陥が存在すると考えられている。そのため、チップの歩留りはその面積の減少関数になる。チップのコストは、ウエハ1枚当たりのコストがほぼ一定なため、ウエハから取れる良品チップの数の逆数に比例する。以上のことから、LSIの面積を小さくできることはその歩留りとコストの改善にとって重要である。e)高信頼性は、LSIの誤動作発生率や寿命を一定の水準以上に保つために最低限保証すべきものであり、デバイス設計おいて常に考慮すべきものである。

(8.7) スケーリング則と性能

　　　　以上述べたように、論理回路の性能を決定する重要なパラメータを素子寸法パラメータLとWで表すと、次のようになる。

動作速度： $\dfrac{C_L}{g_m} \approx \dfrac{LW}{W/L} = L^2 C$

消費電力： $C_L V_{DD}^2 \approx LW$

面積： $\approx LW$

以上のことから素子寸法の縮小がインバータの性能向上に大きな影響があることがわかる。そのような小形化を進めるための方法として、電界分布を一定に保ちながら素子寸法を$1/\kappa$倍（$\kappa \geqq 1$）に小形化する、スケーリング則が提案されている。

スケーリング則ではＭＯＳＦＥＴの構造パラメータと動作電圧を次のように比例縮小する。

チャンネル幅　　　$\cdots W \to W/\kappa$
チャンネル長　　　$\cdots L \to L/\kappa$
ゲート酸化膜厚　　$\cdots t_{OX} \to t_{OX}/\kappa$
基板不純物濃度　　$\cdots N_A \to \kappa N_A$
動作電圧　　　　　$\cdots V \to V/\kappa$

ここで基板不純物濃度 N_A をκ倍する理由は、長さの次元を持つ重要な量である空乏層幅を$1/\kappa$倍するためであると、考えることができる。

$$x_d = \sqrt{\dfrac{2K_s \varepsilon_0 V}{qN_A}} \to \sqrt{\dfrac{2K_s \varepsilon_0 (V/\kappa)}{q(\kappa \cdot N_A)}} = x_d/\kappa$$

このようにスケーリングしたＭＯＳＦＥＴの特性を予測すると次のようになる。

$$C_{OX} = \dfrac{K_{OX}\varepsilon_0}{t_{OX}} \to \dfrac{K_{OX}\varepsilon_0}{(t_{OX}/\kappa)} = \kappa C_{OX}$$

$$V_{TH} = \Phi_{MS} - \dfrac{Q_{SS}}{C_{OX}} + 2\phi_f + \dfrac{\sqrt{2K_s\varepsilon_0 qN_A(2\phi_f + |V_{SUB}|)}}{C_{OX}}$$

$$\to \Phi_{MS} - \dfrac{Q_{SS}}{\kappa C_{OX}} + 2\phi_f + \dfrac{\sqrt{2K_s\varepsilon_0 q \cdot \kappa N_A(2\phi_f + |V_{SUB}|/\kappa)}}{\kappa C_{OX}} \approx V_{TH}/\kappa$$

$$\beta = \mu C_{OX}\dfrac{W}{L} \to \mu \cdot \kappa C_{OX}\dfrac{W/\kappa}{L/\kappa} = \kappa\beta$$

$$I_{DS} = \beta\left\{(V_G - V_{TH})V_D - \dfrac{V_D^2}{2}\right\} \to \kappa\beta\left\{(V_G - V_{TH})V_D - \dfrac{V_D^2}{2}\right\}/\kappa^2 = I_{DS}/\kappa$$

$$C_G = C_{OX}WL \to \kappa C_{OX}\left(\dfrac{W}{\kappa}\right)\left(\dfrac{L}{\kappa}\right) = C_G/\kappa$$

$$g_m = \dfrac{dI_{DS}}{dV_G} \to \dfrac{d(I_{DS}/\kappa)}{d(V_G/\kappa)} = g_m$$

$$\tau_D = \dfrac{C_G \cdot V}{I_{DS}} \to \dfrac{\kappa C_G \cdot (V/\kappa)}{I_{DS}/\kappa} = \tau_D/\kappa$$

$$P = V \cdot I_{DS} \to (V/\kappa)\cdot(I_{DS}/\kappa) = P/\kappa^2$$

ここでK_{OX}はゲート酸化膜の比誘電率、C_G、τ_D、Pはそれぞれ上式で定義されるゲ

ート容量、デバイス遅延時間、消費電力である。ϕ_fはN_Aの関数であるが、その形が$(kT/q)\ln(N_A/n_i)$と対数関数なのでほとんど定数と見做すことができる。この計算結果から明らかなように、スケーリングしたＭＯＳＦＥＴでは、デバイス遅延時間が$1/\kappa$、消費電力が$1/\kappa^2$にそれぞれ改善される。さらにその占有面積が$1/\kappa^2$に減少する。以上のことから、スケーリングをしたＬＳＩでは、スケーリングする前のＬＳＩと比較して、同一チップ面積の中にκ^2倍のＭＯＳＦＥＴを集積させることができ、さらに消費電力は同じままで動作速度をκ倍速くできる可能性があることがわかる。

(8.8)演習問題

[1] ＣＭＯＳインバータについて次の各問に答えよ。ただし、次の数値を用いよ。$\mu_N C_{OX}=1\times 10^{-4}$ A/V^2 (この値は 電子の移動度：$\mu_N=600$cm^2/V.sec、ゲート酸化膜厚：$t_{OX}=20$nm の時に、単位面積あたりの容量：$C_{OX}=1.7\times 10^{-7}$F/cm^2 となり、それから求まる。) 、$\mu_P C_{OX}=6\times 10^{-5}$A/V^2 ($\mu_P$はホールの移動度)、ｎＭＯＳＦＥＴ$T_N$のしきい値電圧 $V_{TN}=1$V、$W_N=6\mu$m、$L_N=1\mu$m、ｐＭＯＳＦＥＴT_Pのしきい値電圧 $V_{TP}=-1$V、$W_P=10\mu$m、$L_P=1\mu$m、電源電圧 5V とする。

1) ｎＭＯＳＦＥＴT_Nの利得定数β_Nとゲートに 5V が加わった時の相互コンダクタンス g_{mN} の値を求め(§7の演習問題参照)、それを用いて負荷容量 $C_L=50$fF とした場合の放電の時定数 C_L/g_{mN} を求めよ。
2) 同様にｐＭＯＳＦＥＴT_P のゲートに 0V が加わった時の相互コンダクタンス g_{mP} の値を求め、充電の時定数 C_L/g_{mP} を求めよ。

[2] 2入力ＮＡＮＤの回路構造を書き、その充放電の時定数が[1]のインバータと同じになるように各ＭＯＳＦＥＴのゲート幅 W_N と W_P を決め、その値を回路図に書き込め。

§9 製造プロセスとレイアウト

(9.1) 製造プロセスの概要

　　　前章でLSIの性能について述べてきたが、その中で「面積」については十分な説明をしていない。理由は、「面積」を決める要因を知るためにはその製造プロセスを知る必要があるからである。回路設計ではMOSFETのチャネル幅、長とその結線方法を決めるが、その実際の配置、大きさそして形を決めることはない。それらは製造プロセスとデバイス構造の設計において決められる「マスク設計ルール」に従って、レイアウト設計において決められる。本章ではそのレイアウト設計を理解するために、製造プロセスとデバイス構造およびそれらの関係を述べる。

　　　図1-1に示されているように、製造プロセスは平面形状を積み重ねるプレーナ技術で構成されている。「レイアウト設計」はこの製造プロセスの中で使われる平面形状を決める作業である。どのような平面形状を使うかは、製造プロセスをどのようにするかを決める「製造プロセス設計」と深く関わっている。製造プロセス設計は最終的に形成するデバイスの構造と個々の製造技術の能力を勘案して、より安く、より高い歩留りが得られるように、(1)薄膜形成、(2)リソグラフィ、(3)エッチング、(4)不純物添加という個々の工程を組合せる。この製造プロセス設計の段階で「設計ルール」が決められる。

　　　図1-1の例では「選択酸化技術」を用いて素子分離領域を形成する。この場合、(6)のフィールド酸化によって素子領域が形成されるのであるから、素子領域の形はそのマスクパターン（選択酸化パターン）で決まる。MOSFETのソースドレイン領域は、素子領域の上に形成された多結晶シリコンをマスクにして、(12)のひ素イオン注入によって形成される。そのため、MOSFETのチャネル領域は「選択酸化パターン」と「多結晶シリコンパターン」の重なった部分になり、両者の寸法によってチャネル幅／長が決まる。そのため、それらは完成時のMOSFETのチャネル幅／長を考慮して設計されなければならない。

　　　図1-1の例で「コンタクトホールパターン」と「アルミパターン」はゲート、ソース、ドレインへの電気的配線を決める。そのため、それらの形は回路設計によって決められた結線通りになっている必要がある。さらに、これらのパターンはコンタクトホールのエッチングやアルミの断線、ショートを考慮して設計される。例えば、コンタクトホールの大きさやアルミの幅は、開孔や断線しないことを保障できる寸法以上の大きさにする。複数のアルミ配線の間隔はショートしないことを保証できる寸法以上の大きさにする。これら寸法はリソグラフィとエッチング技術で決まり、「最小加工寸法」と呼ばれる。コンタクトホールは必ず2導電体層の重

なった部分にあり、それらの中に余裕をもって含まれるように配置される。このような余裕のことを「位置合わせ余裕」と呼ぶ。コンタクトホールあるいはアルミのエッチングではかなり厚い絶縁膜あるいはアルミ膜をエッチングするため、その影響が大きい。そのため、それらの位置がずれると本来エッチングする予定のない部分に重大な影響を及ぼし、著しく歩留まりを低下する恐れがある。「位置合わせ余裕」はそのような歩留まり低下を防ぐためのものである。

　　以上の「最小加工寸法」や「位置合わせ余裕」は工程毎に、その工程の性質を考慮して細かく決められ、それが「マスク設計ルール」になる。例えばアルミ配線をエッチング加工で形成すると、その幅はエッチングのやりすぎ（オーバエッチと呼ぶ）によって狭まり、間隔は広がる。そのため一般に、アルミ配線の「幅」の方が「間隔」よりも最小加工寸法が大きく設定される。また、オーバエッチの具合はアルミの下地が平らか、段差があるかによって異なるので、そのことがマスク設計ルールに反映されることもある。リソグラフィによってフォトレジストパターンを加工する場合も、下地の光の反射具合の影響を受ける。そのため、加工する材料、下地の状態、エッチングの特性などを考慮して最小加工寸法としての幅や間隔が決められる。位置合わせ余裕はこのような加工による寸法変化とリソグラフィにおける位置合わせ精度を考慮して決められる。

(9.2) デバイス設計

　　デバイスとは「形」を用いて「機能」を実現したものである。ＭＯＳＦＥＴは電気信号を増幅する機能を持っており、それを利用すれば論理演算をする回路、論理回路を構成できる。この信号増幅機能は半導体という「材料」の性質を利用したものであるが、それを利用できるようにするためには都合の良い「形」が存在する。デバイス設計と呼ばれる技術領域はその「形」を探求する。小形化すればデバイスの性能を向上できる（(5-7)参照）。しかし、性能が高くてもその小さい形を実現する製造プロセスが存在しなければ、それは実現不可能である。また性能が高くても信頼性が低い、歩留りが低い、コストがかかるなどの問題があれば、やはり使い物にならない。デバイス設計では、デバイスの構造とその性能の関係を科学的に調べ、その構造の製造技術との損得を考慮した上で、最適の構造を探求する。

　　ＭＯＳＬＳＩのデバイス設計では、ＭＯＳＦＥＴだけでなく容量、ダイオードなどのその他の回路素子、寄生ＭＯＳＦＥＴ、寄生容量、配線抵抗など全てのＬＳＩ構成要素を考慮する必要がある。デバイス設計では、それら全てのデバイスの特性と構造の関係、そしてその構造の製造方法を把握した上で、デバイス構造と製造方法を設計する。

(9.3) MOSLSIの製造プロセス

　　　　MOSLSIでは単純なMOSFETに加えて、容量や抵抗などのデバイスや複数層の金属配線を形成する。そのため、その製造プロセスは既に示した単純なMOSFETのそれよりも複雑になる。例えば、CMOS論理LSIの場合、nチャネルとpチャネルを作り分ける必要がある。例えばn型基板を使う場合を考える。pチャネルMOSFETはその基板の上に形成すればいいが、nチャネルMOSFETはn型基板の中に深いp型拡散領域（ウエルと呼ぶ）を形成して、その上に形成することになる。素子領域やゲート領域は両チャネルMOSFETとも同時に作れるが、ソースドレイン領域の不純物拡散は別々にする必要があり、その分製造工程数は増える。さらに複雑な論理回路では配線が複雑になるため、アルミ配線が1層では不十分である。通常、2〜3層の金属配線（アルミとは限らない）を形成する。この場合、コンタクトホールと金属配線パターンの加工がその配線層数だけ必要になる。

　　　　メモリLSIの場合には、メモリ独特の構造を持ったデバイスを形成する必要があり、そのための特別な製造工程が付加される。例えば、コンピュータのメインメモリに使われるDRAM(Dynamic Random Access Memory)の場合には、MOSFETと容量（セル容量と呼ぶ）からなるメモリセルの占有面積を、セル容量値を小さくすることなく減らすことによって大容量化が図られている。そのため、小面積の中に一定の容量値をもつセル容量を形成することが重要であり、いろいろな形のメモリセル構造が提案され、使われている。溝型容量、積層容量などがその例である。そのため、DRAMの製造プロセスは通常の論理LSIのそれとはかなり異なるものとなっている。その他、高速メモリであるSRAM(Static RAM)の場合には小面積の中にフリップフロップを集積するため積層構造が使われている。不揮発性メモリであるEPROM(Electrically-Programable Read Only Memory)の場合には、ゲート電極を2層にして下層の電極を電気的に浮かす状態のMOSFET(FGMOS:Floating Gate MOS)が使われている。これらの積層構造は成膜やリソグラフィ、エッチングの各工程を増やすことによって作ることができる。そのため、これらのメモリの製造工程も通常の論理LSIのそれと少し異なる。

(9.4) リソグラフィ

　　　　シリコンウエハの上に平面パターンを形成するための標準的な工程は、(1)フォトレジストの塗布、(2)プリベーク、(3)目合わせ露光、(4)現像、(5)ポストベーク、(6)フォトレジストの剥離、から構成される。フォトレジストは光反応性高分子化合物であり、光の照射によってその部分の分子結合が切れるポジティブ型と、分子結合が促進されるネガティブ型がある。(1)では溶剤によって適当な粘性度に

したフォトレジストをウエハ表面に均一に塗布し、(2)で溶剤を一部揮発させ固化する。(3)で露光した後、(4)で分子結合が十分でない部分のフォトレジストを溶かして除去する。ポジティブ型の場合露光された部分が、ネガティブ型の場合露光されなかった部分がそれぞれ除去される。(5)は残ったフォトレジストの分子結合を十分なものにし、次のエッチングなどの工程に耐えるようにする。その後、エッチングやイオン注入などの処理をして、フォトレジストの平面パターンをウエハ上に永久的に残す。そして最後に(6)で不要になったフォトレジストを剥離する。剥離には強力な溶剤または酸で溶かす、酸素プラズマで焼くなどの方法が取られる。

目合わせ露光ではガラス板上に遮光性膜の平面パターンが形成された「マスク」が使われる。マスク上へのパターン形成はウエハ上へのパターン形成と同様であるが、最初のマスクを作る場合にはパターンを生成する必要がある。そのためにはレイアウトパターンを矩形などの基本的なパターンに分解して、それらをつなぎあわせる。そのための装置として、以前は光を用いたパターンジェネレータが、その後電子ビームを用いた電子ビーム（ＥＢ）露光機が使われている。通常、基本パターンの数は膨大になることから、これらの装置は大量のデータを高速で取り扱えるコンピュータで制御され、高速高精度のマスク移動装置などで構成される。以前マスクにはウエハ上に形成されるパターンと同一寸法のパターンをウエハ全面分形成し、ウエハ１枚を一括露光していた。だが微細化とウエハ径の大形化が進むと、このような方法では十分な加工精度および位置合わせ精度が得られなくなった。そのため、ウエハ上形成されるパターンの５または１０倍のパターンを数チップ分マスク上に形成し（それをレチクルと呼ぶ）、ウエハを分割露光するステップアンドリピート方式を採用するようになった。図9-1はＬＳＩの製造プロセス全体の流れを示したものである。この図の例ではＥＢ露光装置を用いて制作したレチクルからウエハ全面分のパターンを形成したマスクを作り、それを用いてウエハ全面にパターンを一括転写している。

パターンの最小加工寸法は露光ビームとフォトレジストの性質で決まる。露光ビームとしては波長の短いほど微細化に適している。当初光源として水銀ランプの紫外線であるｇ線(436nm)が使われていたが、微細化の進展と共にｉ線(365nm)、ＫｒＦエキシマレーザの紫外線(249nm)、ＡｒＦエキシマレーザの紫外線(193nm)などが使われるようになってきている。さらに波長の短いものとしてＸ線があるが、レンズを作ることが難しいため、まだ実用化されていない。一方、電子線は光よりも桁違いに波長が短いので微細加工には適しているが、ビームが細くて一括露光が難しいため大量生産に適していない。ただ、電磁界でビーム位置を制御できるため、パターン生成に適しており、精度の高いマスクの製造に使われている。

フォトレジストとしては露光感度、解像度が重要である。露光感度は露光

に必要なビームの強度と露光時間の積で表される。大量生産におけるスループット（単位時間あたりの生産量）を向上させるためには露光時間の短縮が重要であるが、一方で短波長化とともに光源の強度も低下しているため、露光感度が高いことが望まれるのである。解像度は最小加工寸法を決める量であるが、これは露光感度と相反関係になっている場合が多い。そのため露光感度と解像度の両方が高い高性能のフォトレジストの開発は相当難しいことである。

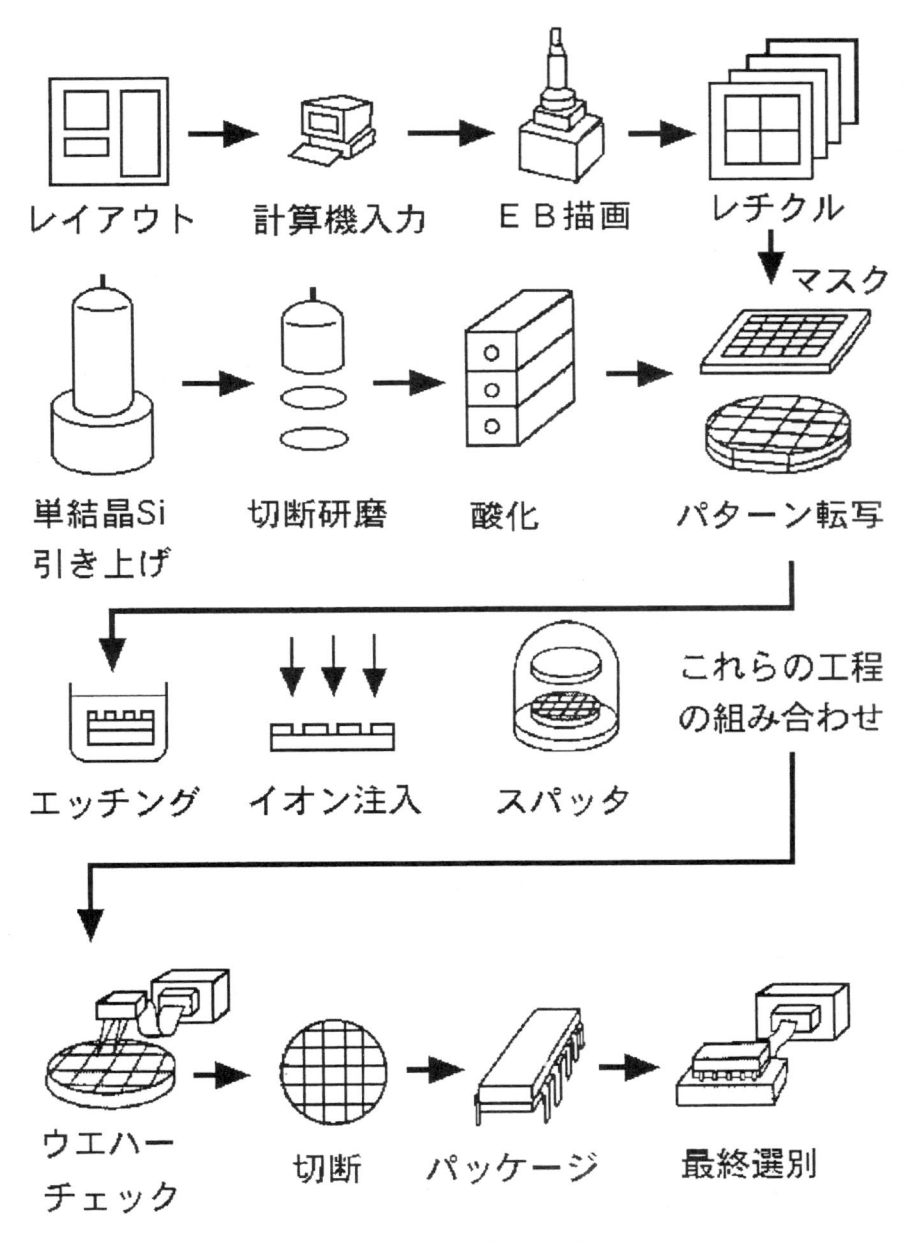

図 9-1「ＬＳＩの設計製造概念図」

(9.5)成膜技術

　　「熱酸化」は、シリコンウエハを酸素雰囲気石英管電気炉の中で1000℃前後に加熱することによって、シリコン表面にSiとO_2の化合物SiO_2の薄膜を作る技術である。それで形成された酸化シリコン膜（単に酸化膜と呼ぶ）は良質で、シリコンとの相性の良い絶縁体膜であるため、製造プロセスにおいて多用される。図1-1の例では(2)、(6)、(8)の工程で使われている。(2)の酸化膜は窒化シリコン膜（単に窒化膜と呼ぶ）とシリコンの熱膨張率の違いによるストレス緩和のために、(6)のフィールド酸化膜は素子分離領域の絶縁のために、そして(8)のゲート酸化膜はＭＯＳＦＥＴのゲート絶縁膜としてそれぞれ使われている。それ以外にも、ＣＶＤ酸化膜（後述）の膜質改善やシリコンと他の膜の密着性改善などの目的にも使われる。酸化法には純粋な酸素雰囲気で酸化するドライ酸化、それに水蒸気を加えるウェット酸化、不活性ガスを加える希釈酸化、塩酸を加える塩酸酸化などがある。ウェット酸化は酸化膜の成長が速いので厚い酸化膜の形成に、希釈酸化は逆に薄い酸化膜の形成に、それぞれ使われている。ＭＯＳＦＥＴはゲート酸化膜の質に強く依存するので、良質の酸化膜を形成する方法が研究されている。超ドライ酸化、塩酸酸化、酸化後のアニール（後述）などがそのような目的の技術である。

　　熱酸化で用いた電気炉は他にも「拡散」と「アニール」にも使われる。拡散は、ボロンやリンなどの不純物を含んだ材料をウエハとともに石英管のなかに入れ、シリコン表面に不純物を拡散（デポ(deposition)と呼ぶ）する工程である。アニールは不活性ガスを導入した石英管の中にウエハを入れ、それに熱を加える工程である。熱を加えることにより、ウエハ内部の不純物分布を深く拡散（押し込みと呼ぶ）させる、後出のイオン注入によって壊された結晶性を回復させる、熱酸化で形成された酸化膜中に残存した水素を不活性ガスと置換する、などの処理をする。

　　シリコン外部から物質を供給してその表面に薄膜を形成する方法として、「スパッタ」、「蒸着」など物理的な成膜法であるＰＶＤ(Physical Vaper Deposition)と化学反応を使ったＣＶＤ(Chemical Vaper Deposition)がある。アルミなどの金属は主にＰＶＤで、ポリシリコン、酸化膜、窒化膜などはＣＶＤで、それぞれ成膜される。ＰＶＤでは成膜すべき材料、例えば配線用アルミなどとウエハを真空チャンバに入れ、アルミを分子状にしてウエハ表面に付着させる。スパッタの場合、不活性ガス分子などをアルミに衝突させ、それによってたたき出されたアルミ分子をウエハ表面に付着させる。蒸着の場合ではアルミを加熱蒸発させその蒸気をウエハ表面に付着させる。そのためＰＶＤは固体材料を低温で成膜できる特長を持つ。一方、物理的な方法で材料をウエハ表面に輸送するため、深い穴の奥や段差のある部分への均一な成膜が難しい。

CVDではガスを化学反応させて、その生成物をウエハ表面に堆積させる。例えば酸化膜の場合：$SiH_4+O_2 \rightarrow SiO_2+2H_2$という反応を利用する。そのため、適当なガス状の原材料と反応過程がない物質を成長することはできない。CVDでも一般に、深い穴の奥や段差のある部分への均一な成膜が難しい。ただ、成膜条件によってはウエハ表面との反応を利用して、深い穴の奥への堆積、ウエハ表面材質の違いを利用した選択成長などができる場合がある。CVDでは化学反応を利用するため高温下で成長する必要がある。このことは必ずしも好ましくないため、プラズマによる化学反応促進を利用した「プラズマCVD」なども使われている。このように、CVDは非常に重要な成膜技術であり、盛んに研究されている。

(9.6)エッチング技術

　化学薬品の水溶液に漬ける「ウェットエッチング」とプラズマやイオンを利用する「ドライエッチング」に分類できる。ウェットエッチングとしては、例えば酸化膜にはバッファード沸酸($HF+NH_4F$)水溶液、シリコンには硝酸＋沸酸（＋酢酸）、アルミには燐酸、窒化膜には熱燐酸などが使われる。薬品により選択的にエッチングができる場合があり、使いやすい。ただし等方性エッチングのため、図9-2のような、アンダーカットが入るので、微細化には適してない。

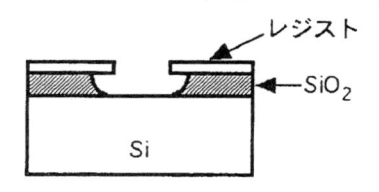

図9-2「アンダーカット」

　ドライエッチングはプラズマ、RIE(Reactive Ion Eching)、高密度プラズマ源を用いたものなどに分類される。プラズマは水溶液をプラズマにしただけのものと考えることができる。エネルギが供給されるので強力になるが、ウェットと同様に等方性エッチングである。RIEはプラズマ中のイオンの飛行方向を揃えて衝撃エネルギを使うことにより、非等方的エンチングを可能にしている。ただ、衝撃は化学反応と違い材料の区別がつきにくいため、選択的エッチングができない場合が多いという欠点を持つ。酸化膜エッチングの場合は、イオンが衝突した材料に酸素があるか否か違いによって反応が異なることを利用して選択エッチングを可能にしている。高密度プラズマは低圧で高密度のプラズマを形成する特殊な装置（ECR、ヘリコン、ICPなどがある）を使用する。このエッチング法は低圧高密度プラズマを使うため、非等方性エッチングを高速で行える。一方、プラズマの不均一、解離しすぎること、電圧の不均一によるチャージアップ、イオン軌道の曲りなど問題があり、盛んに改良が試みられている。

(9.7) 不純物添加技術

　　　　「拡散」と「イオン注入」が代表的な技術である。拡散技術には上述の気相拡散の他に固相拡散がある。固相拡散は、ＣＶＤや塗布によって不純物を含んだ材料（主に酸化膜）をシリコン基板表面に形成し、高温に熱することによりそれをシリコンへ熱拡散する方法である。イオン注入法は、イオンを電界加速してシリコン基板に打ち込む方法である。イオン電流によって打ち込む不純物量を、電界によって打ち込む深さをそれぞれ精度よく制御できるので、広く使われている。ただ、打ち込んだ直後の不純物はシリコン結晶の格子間などにむりやり押し込まれた形のため、ドナーまたはアクセプタとして働かないし、打ち込み量が多い場合にはシリコン結晶自体を破壊している。そのため、イオン注入の後には適当な熱処理（アニール）を加えて、不純物の活性化や結晶性の回復が必要である。

(9.8) 演習問題

[1] 図1-1の製造工程でＭＯＳＦＥＴを作ると同時にキャパシタを作成する方法を考えよ。図1-1の製造工程に新しい工程を付加する場合、付加する工程の複雑さとキャパシタの性能の関係を議論せよ。

[2] 図1-1の製造工程を改良してＥ－Ｄ構成ＬＳＩを作る製造プロセスを作れ。この場合、新たに加える工程をなるべく少なくする方法を考えよ。

[3] 図1-1の製造工程を改良してＣＭＯＳ構成ＬＳＩを作る製造プロセスを作れ。この場合、新たに加える工程をなるべく少なくする方法を考えよ。

§10 各種要素回路とレイアウト演習

(10.1)論理ゲートのレイアウト

　　図10-1(a)はCMOS2入力NORゲートのレイアウトの例である。素子領域を示す細実線の矩形とポリシリコンゲートを示す右上がりハッチングの縦に長い領域の交わった所がMOSFETのゲート領域になる。太実線の1層メタルが電源と接地を、上記ポリシリコンが入力信号をそして左上がりハッチングの2層メタルが出力信号をそれぞれ伝えている。

　　ゲート長はポリシリコンの幅であるから一定である。レシオ回路でないCMOSでは、チャネル長としてもっとも高い性能が得られる最小値を使用することが好ましい。このレイアウト例でチャネル長が一定であることはこのためである。ゲート幅は素子領域内でのポリシリコンの長さであるから、接地側のnチャネルMOSFETの方が小さい。pn両チャネルMOSFETのβを同じにするためにそうしてある。レシオ回路であるED構成の場合、βレシオを10以上にするため、負荷用デプレッション型MOSFETのチャネル長を長くして、β_Lを小さくすることがある。しかしCMOSでは、大きいβレシオを必要としないためチャネル幅の調整でβレシオを1にすることができる。両MOSFETのチャネル幅の絶対値はこの論理ゲートの電流駆動能力を決めている。そのため、その値は出力部の負荷容量と動作速度の設計値で決まる。

(a)2層メタル配線　　**(b)1層メタル配線**

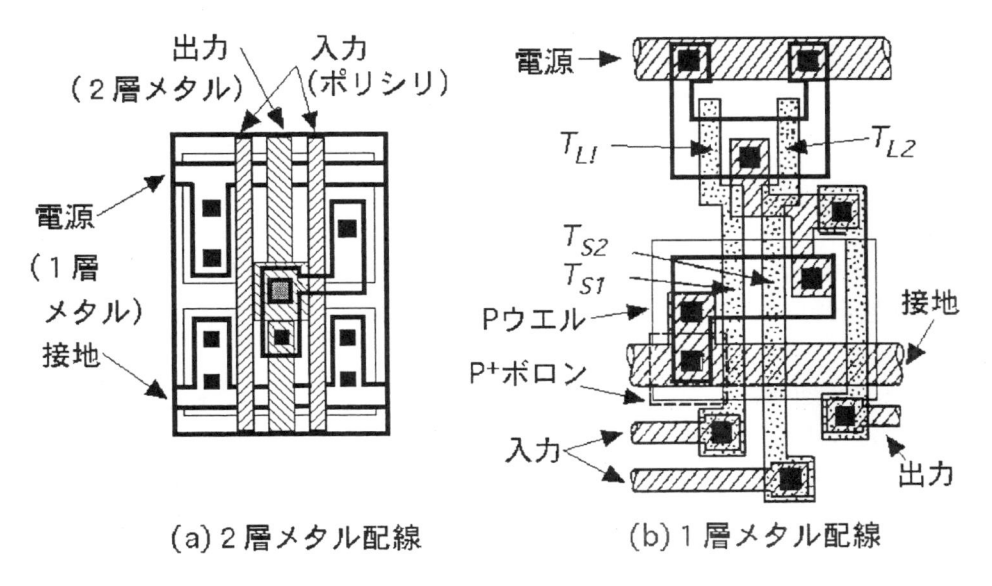

図10-1「2入力(a)NORゲートと(b)NANDゲートのレイアウト」

　　図10-1(b)は同様のCMOS2入力NANDゲートを1層メタル配線で設

計した例である。この図では、素子領域が太実線、ポリシリコンが点模様、メタルが右上がりハッチングでそれぞれ示されている。図の T と示された領域がチャネルである。配線領域が大きいため、チャネル幅の大きさの割に全体の占有領域が大きいことがわかる。

(10.2)組み合わせ論理回路

　　　　組み合わせ論理回路とは「その時に与えられた入力信号だけで出力信号がきまる論理回路」のことである。例えば、図1-2の論理ゲート表示の論理回路、あるいは図10-2に示すような2対1セレクタ回路などがそれである。これらの論理回路は、論理ゲートの記号をMOSFETの回路記号に置き換えれば回路構成が得られ、レイアウトに展開することができる。ただし、MOS論理ゲートではNANDとNORしか構成できないので、論理ゲート表示のANDやORをそれらで置き換える必要がある。また、図10-2の2対1セレクタを回路表示に置き換えたものは、図7-3に示すように、論理ゲートを使うものの他に伝達ゲートを使うものもある。後者は回路構造を容易にすることができるため、そのレイアウトをコンパクトなものにできる。集積回路の設計を洗練されたものにするにはこのようなことも考慮する必要がある。

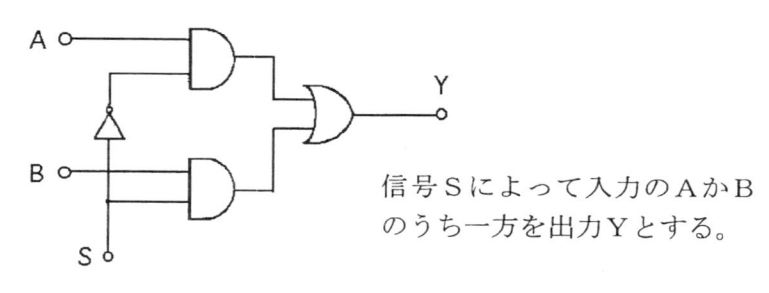

信号Sによって入力のAかBのうち一方を出力Yとする。

図10-2「2対1セレクタ」

(10.3)順序論理回路

　　　　順序論理回路とは「記憶機能を含む論理回路」のことである。コンピュータは「回路」の機能を「手順」というソフトウエアで繰り返し使うことによって、限られた量の回路で限りなく複雑な処理ができるという特徴を持つ。その意味で、順序論理回路はコンピュータにとって基本的な要素である。記憶機能を持つ回路の基本は、図10-3(a)に示されるフリップフロップと呼ばれるNOTを2つつないだ論理回路である。コンピュータのレジスタやスタティックメモリセルなどがこの論理回路構成を用いている。ただ論理回路構成が同じでも、それらの実際の形は応用によって異なる。例えば、スタティックメモリセルに使われるフリップフロップは、

小面積と低消費電力が求められるので、小さいＭＯＳＦＥＴや抵抗を用いて図10-3(b)、(c)のような回路形態に構成される。信号を出力するＭＯＳＦＥＴが小さいため、高速動作には微小な信号を感知するセンスアンプを必要とする。さらに図(c)の抵抗負荷型セルの場合、高抵抗ポリシリコン抵抗をＭＯＳＦＥＴの上に積層したデバイス形状で小形化を図っている。一方、レジスタでは小面積よりも高速な動作が求められるため、図10-3(b)のような回路形態ではあるが、所望の速度で信号が伝達できるように大きなＭＯＳＦＥＴが用いられる。

　　　　順序回路では通常クロックと呼ばれる信号を使い、回路の動作タイミングを揃えた同期式動作を行う。例えば加算器を用いて３つ以上のデータを加算する場合を考える。まず２つのデータを加算器に入力して、それらの和を計算する。この時、２つのデータを揃えるために、両方のデータをレジスタに一時的に保持する。これらのデータが同時に届くとは限らないし、必ず一方が早く届くという保証もないため、両方のデータを保持する必要がある。次にこの加算結果と第３のデータを再び同じ加算器に入力して加算を繰り返す。この時も、前の加算結果が出る、あるいは第３のデータを読み出してくるなどによってデータが揃うまで、それらをレジスタに保持する。このようにしてデータを揃えないと、データの不揃いや前データが次の計算に混入したりする。クロックはこのような場合に同期を取るために使われ、そのタイミングは各データ信号のうちもっとも遅く届くものに合わせる。

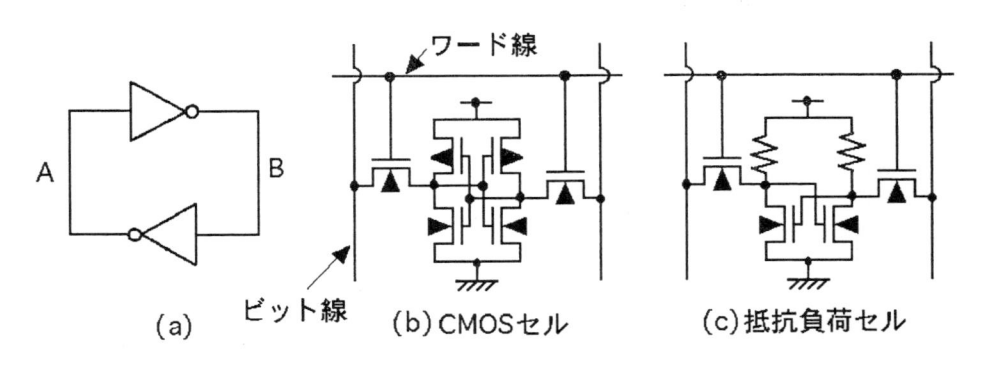

図 10-3「フリップフロップ」

　　　　順序回路を含む論理回路では必要な部分だけを同期式にするのが一般的である。通常クロックとしては、もっとも遅い動作に合わせた周期を使う。そのため同期式回路では、実際にはもっと速く動作させることが可能な処理であっても、クロックの周期に合わせるために次段へのデータ出力を待つことがある。一方、非同期式回路ではそのようなことはなく、回路の出力が即座に次段へと伝わる。このように同期回路は動作速度の点で不利なため、上記加算回路部の例の入力のように同期が必要な部分にだけ同期式を使い、それ以外には非同期式回路を使うことが一般的である。

(10.4) 信号転送回路

　　　　集積回路内部では論理演算や記憶機能を行う回路以外に、チップ内外に信号を伝達するための専用回路が使われる。本節ではそのような回路としてドライバ回路、入出力回路そしてバス用回路を説明する。

　　　　ドライバ回路は負荷容量の大きい信号線を高速に駆動するためのものである。例えばクロックやメモリのアドレス信号は非常に多くのMOSFETのゲートに供給されるため、それらの信号の出力部には非常に大きい負荷容量を高速で駆動する能力が求められる。ドライバ回路はそのように負荷容量の大きい信号線を高速に駆動するための回路である。通常ドライバ回路として、図10-4(a)に示されるような、徐々にチャネル幅を大きくしたインバータチェインが使われる。電流駆動能力はそのチャネル幅に比例する。そのため、ドライバ回路の出力部にはチャネル幅の大きいMOSFETを使いたい。しかしそのようにチャネル幅の大きいMOSFETではそのゲート容量が大きく、そのゲートに供給する信号の駆動に同様にチャネル幅の大きいMOSFETを使う必要が生じる。そこで、徐々にチャネル幅を大きくしたインバータを複数段つないで、大きな負荷容量を高速に駆動できるようにする。このようなインバータチェインについて、その段数や連続する2段のβ比については最適値があることがわかっている。例えば、「出力部の負荷容量をC_L、入力部の負荷容量をC_1とすると、$N=\log(C_L/C_1)$段のインバータ列を用いること」、「連続する2段のβ比はそれらの容量比の平方根に比例させること」が最適であるという報告がある。

　　　　チップ外と信号のやり取りをする部分に使われる入出力回路では、「大負荷容量の駆動」に加えて「信号レベル変換」、「静電気対策」が考慮される。標準的な入出力信号レベルであるTTLレベルでは高電圧が 2.0V 以上、低電圧が 0.8V 以下と決められており、それらの差である論理振幅は 1.6V しかない場合もありうる。この値は電源電圧分フルスイングするCMOS構成ゲートの論理振幅（5V電源の場合は 5V である）よりも小さい。最近広く使われてきているECLレベルの論理振幅(0.6-0.8V)はTTLレベよりもさらに小さい。そのためこれのら信号レベルを直接CMOS構成ゲートに入力しても正常な論理動作は期待できない。通常は特別に設計した回路を用いて、信号レベルを変換する。一般に、このような信号レベル変換にはE－EとかE－D構成の方がCMOS構成よりも適している。逆にCMOS構成ゲートの出力を他の回路に入力する場合には、その論理振幅が大きいため相手方の回路を破壊する可能性があるので、注意が必要である。また入出力回路は直接パッケージの入出力ピンにつながるため、人間や周囲の物に接触することにより、高電圧の静電気の影響を受けることがある。高電圧はゲート酸

化膜のような薄い膜を絶縁破壊することがあるので、このことを防ぐため、入力回路には高電圧をカットするための回路が組み込まれる。

　　　　信号線を複数の信号の伝達に使うバスにおいては、高低の2レベルの他に高インピーダンスの浮遊状態を持った、トライステートと呼ばれる回路が使われる。バスに信号を出力する場合には通常のドライバ回路として働き、バスから信号を入力する場合と、バス上の信号を無視する場合にはドライバ回路を切り離す必要があるからである。

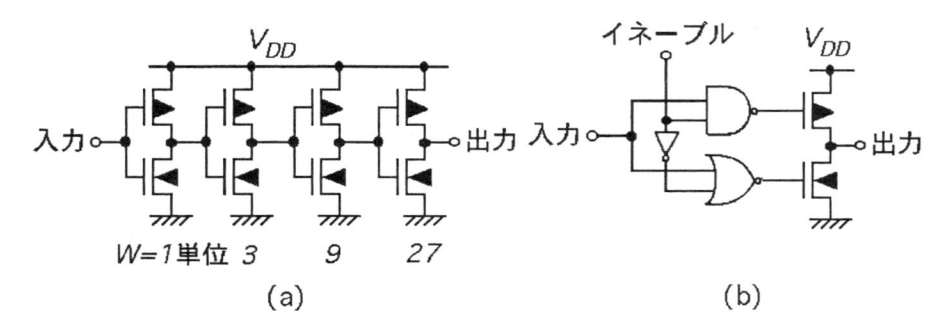

図10-4「(a)ドライバ回路と(b)トライステート回路」

(10.5) レイアウト演習

　　図10-2、10-3、10-4 のどれかのレイアウトを設計せよ。なお、レイヤは
(1) 素子領域
(2) ゲート
(3) nチャネル側
(4) pチャネル側
(5) コントクト孔
(6) アルミ配線

とせよ。複雑さを避けるためウェルは考えなくてもよい。

§11 MOS以外の集積回路

(11.1)バイポーラの特徴

現在のＬＳＩの主流はＭＯＳである。平成７年度の国内ＬＳＩ生産量は３．６兆円であり、その内訳は、
　　アナログ１５％
　　デジタル８５％
　　　　ＭＯＳロジック　　　４０％
　　　　ＭＯＳメモリ　　　　４０％
　　　　バイポーラ　　　　　４％
である。アナログにもバイポーラが含まれているが、それを加えてもバイポーラは７％程度にしかないと考えられる。このようにＭＯＳは一時集積回路の主流であったバイポーラを凌いでいる。

　　バイポーラ集積回路はＭＯＳ集積回路よりも集積性に劣る。バイポーラトランジスタの構造は、図11-1に示されるように、ｎｐｎの３層構造である。そのため、複数のトランジスタを分離するためにはｐ型基板にｎｐｎの３層構造を形成する必要があり、ｎ型領域を形成するだけでよいＭＯＳよりも、素子分離や電極引き出し部の面積が大きくなる。また、バイポーラトランジスタを用いた論理ゲートの消費電力はＭＯＳＦＥＴのそれよりも大きい。これらのため、バイポーラ集積回路はＭＯＳ集積回路に比べて高集積化が難しい。高集積化できると、集積回路の大量一括生産の特長を生かした低コスト化が可能である。また、大きな負荷容量を駆動する必要があるチップ間の信号伝達の機会を減らすことができるため、その分の高速化も可能である。そのため、高集積化に優れたＭＯＳの市場占有率が上昇し、その結果バイポーラの市場占有率は低下したと考えられる。

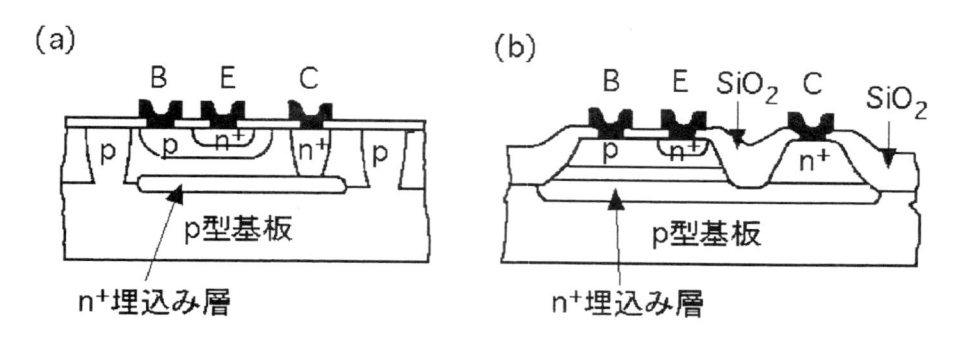

図 11-1「バイポーラトランジスタのデバイス構造」
(a) ＰＮ接合分離構造と(b)選択酸化分離構造

バイポーラはＭＯＳに比べて１００倍程度大きい電流駆動能力を持っている。大きな負荷容量を持つ回路を高速に充放電するのには大きな電流駆動能力が必要である。バイポーラトランジスタはそのような大きな電流駆動能力を持っているため、高速動作に適したトランジスタである。ＭＯＳＦＥＴのドレイン電流を運ぶチャネル部の電荷量はゲート電圧に比例して増大する。それに対して、バイポーラトランジスタのコレクタ電流を運ぶベース部の電荷量はベース電圧の指数関数に比例して増大する。そのため、バイポーラではベース電荷密度を容易に高めることができ、その結果同一デバイス占有面積当たりの電流駆動能力を高くすることができる。ただ、ベース電圧を加えるために必要なベース電流供給能力の限界、物理的に決まるベース電荷密度の上限などによって、その電流駆動能力を指数関数的にいくらでも大きくできるというわけではない。バイポーラの電流駆動能力の限界は同程度の大きさ（平面寸法）のＭＯＳより１００倍程度と考えられている。このようにバイポーラトランジスタは高速動作に適しており、たとえ集積性に劣っていても高速特性が重要な回路で使われることがある。

(11.2)バイポーラ論理回路

バイポーラ論理ゲートの形式としては、図 11-2 に示されるＴＴＬ(Transistor Transistor Logic)とＥＣＬ(Emitter Coupled Logic)が代表的なものである。ＴＴＬは抵抗負荷型ＭＯＳインバータ構成と同じような増幅回路構成である。図の例ではマルチエミッタの入力部とエミッタフォロアの出力部が付加されているので、中央部のみがインバータになっている。入力が高電位のときスイッチング用トランジスタがオンして出力が低電位になり、入力が低電位のときはスイッチング用トランジスタがオフして出力が高電位になる。この形式では入力が高電位のときｐｎ接合が強く順方向バイアスされ、少数キャリアが大量に注入される。この状態のことを飽和状態と呼ぶ。ＭＯＳインバータの場合、入力が高電位のときにスイッチング用ＭＯＳＦＥＴの動作点は線形領域にあるから、バイポーラトランジスタの飽和領域はＭＯＳＦＥＴとは異なるので注意が必要である。バイポーラトランジスタが飽和状態にある場合、大量に注入された少数キャリアを取り除かないとコレクタ電流をカットできない。そのため、その分ＴＴＬは高速動作に不利である。

ＥＣＬは別名ＣＭＬ(Current Mode Logic)と呼ばれ、電流切替型の論理ゲートである。論理振幅を小さくして、トランジスタを飽和状態にしないで使うため、高速動作に適している。論理部に出力バッファを付けて電流駆動能力を高めたものをＥＣＬ、そうでないものをＣＭＬと呼ぶ。バイポーラは電流駆動能力の高さとその結果として得られる高速性に特徴がある。そのため、電流駆動能力を高めるためのバッファ回路（エミッタフォロア）を付けた、より高速のＥＣＬが広く使われている。

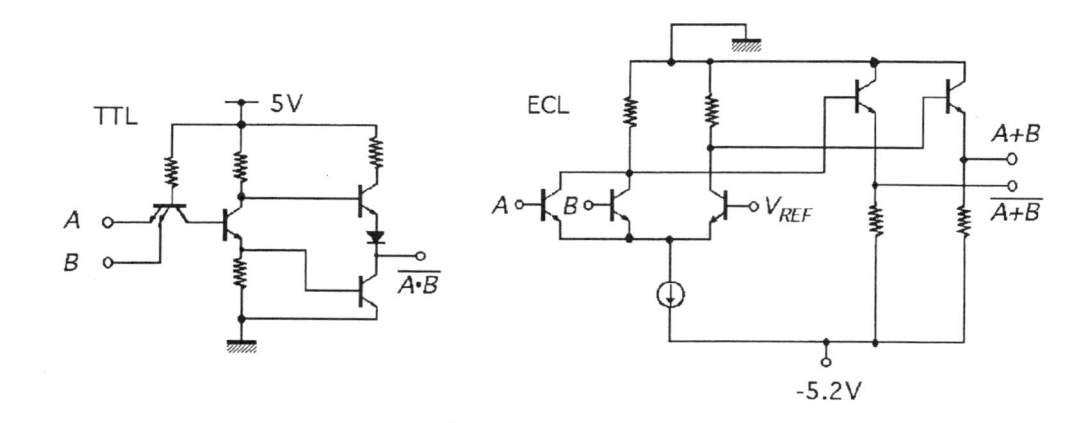

図 11-2 「TTLとECLゲート」

(11.3) バイポーラCMOSゲート

　　MOSゲートで大容量負荷をドライブするためには何段ものゲートを重ね、チャネル幅の大きいMOSFETを用いる必要がある。そのため、CMOSゲートでは負荷容量の大きい回路で集積度と速度が低下する。この問題を避けるために高電流駆動が必要な部分にバイポーラゲートを用いようというのがバイ（ポーラ）CMOSゲートである。図 11-3 にその一例を示す。CMOSゲートで論理演算を行い、その結果をバイポーラトランジスタで構成したバッファ回路を通して出力する。電流駆動能力の高いバッファ回路を持っているため、負荷容量が大きくなってもその駆動速度が低下しないという特徴を持つ。ただ負荷容量が小さい場合には、バッファ回路が1段入る分、通常のCMOSゲートよりも遅くなることがある。

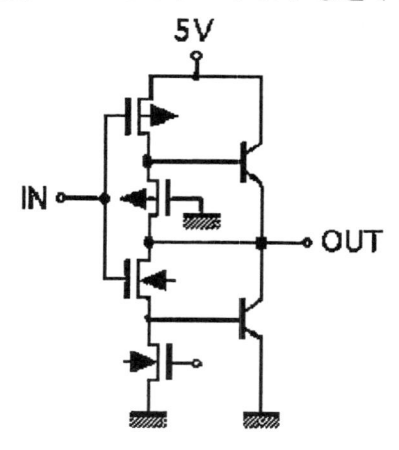

図 11-3 「バイCMOSゲートの例」

このゲートを作るためにはバイポーラとＣＭＯＳの両方の製造プロセスが必要なため、製造コストが高くなる。ただ、ＣＭＯＳのウェルとソースドレインがバイポーラのコレクタとエミッタとそれぞれ同じプロセスで形成できるなどの節約が一部で可能である。このことがバイポーラと単一チャネルＭＯＳでなくバイポーラとＣＭＯＳを同時に形成する理由になっている。

バイＣＭＯＳとしては、全てのゲートをＣＭＯＳ＋バイポーラとして出力負荷を気にしないで設計できることを特徴とするものと、一部高電流負荷が必要な部分のみバイポーラを使う Mostly-CMOS BiCMOS など、用途により違いがある。ゲートアレイなどには前者の構成が、マイクロプロセッサのようなカスタム品には後者の構成がそれぞれ使われる。

(11.4) 各種論理ゲートの性能比較

以上、今までに出てきた各種論理ゲートの特徴を以下にまとめる。
Ｅ－Ｅ：電源利用率が低い、動作速度が低い
Ｅ－Ｄ：電源利用率が高く、Ｅ－Ｅよりは高速である、しかしレシオ回路であるため高速化に限界、面積大（β_Rを大きくするため）、貫通電流が流れる
ＣＭＯＳ：直流伝達特性が安定、ＤＣ電流がない、雑音余裕が大、フルスイングする、面積大、ゲート入力容量大、製造が複雑、ラッチアップが起こる
バイポーラ：電流駆動能力大→高速、消費電力大、集積度小
バイＣＭＯＳ：ＭＯＳとバイポーラのいいところを組み合わせた、製造がＣＭＯＳよりさらに複雑、負荷容量の小さい場合にはＣＭＯＳより不利

(11.5) その他のデバイス

ＬＳＩ用デバイスとしては、シリコンを用いて作られたＭＯＳＦＥＴとバイポーラトランジスタ以外に、化合物半導体を用いて作られた同様のトランジスタ、あるいは量子効果などを用いた新しい動作原理のトランジスタなどがある。化合物半導体を用いたＬＳＩは既に実用化されているが、コストがシリコンよりも高いために、その特徴を生かせる限られた分野で使われている。量子効果トランジスタを用いたＬＳＩはまだ研究段階にある。

表 11-4 に化合物半導体であるＧａＡｓとＩｎＰの性質をシリコンのそれと比較して示す。この表にあるように、ＧａＡｓとＩｎＰには(1)電子移動度とそ

の飽和速度が大きい、(2)エネルギギャップ（禁制帯幅）が大きいため、不純物をドープしない基板は絶縁体のように振る舞う（そのことを半絶縁性基板と呼ぶ）(3)負性抵抗が得られる、(4)直接遷移型バンド構造のため発光しやすい、(5)ヘテロ接合（異種半導体接合）を作りやすい、などの特徴がある。しかし、良質の酸化膜を作れないためＭＯＳＦＥＴを作れない、製造プロセスが難しい、ウエハが高いなどの短所もあり、集積性、コスト等の面でシリコンＬＳＩよりも劣る。化合物半導体を用いた実用デバイスとしは、ＭＯＳの代わりショットキダイオードを用いたＭＥＳＦＥＴ (MEtal Semiconductor FET)、ヘテロ構造を用いたＨＥＭＴ (High Electron Mobility Transistor)、それにＧａＡｓＨＢＴ (Heterojunction Bipolar Transistor) などがある。

表11-4「ＧａＡｓとＩｎＰの物性」

項目		GaAs	InP	Si	単位
移動度	電子	4-8	2-4	0.3-1.5	10^{3}cm^2/Vs
	正孔	0.4	0.15	0.45	〃
電子飽和速度		1.8	2.6	1	10^{7}cm/s
禁制帯幅		1.42	1.34	1.12	eV
負性抵抗		あり	あり	なし	
バンド構造		直接遷移	直接遷移	間接遷移	
ヘテロ接合		容易	容易	困難	
酸化膜		低品質	低品質	高品質	

§12　各種集積回路

(12.1) メモリの分類

　　　　ＬＳＩの大きな特徴は量産により低価格化できることである。その特徴をもっとも顕著に表しているのがメモリである。同一製品が大量に消費される特徴を持つため、メモリは同一の設計製造技術を用いて量産することができる。そのため、製品単価を下げることができ、さらに需要を喚起することができる。メモリの中ではビット単価の安いＤＲＡＭ(Dynamic Random Access Memory)がもっとも生産量が大きく、ＬＳＩの動向を考える上で重要な製品である。そのことは例えば、ＤＲＡＭは「プロセスドライバ」と呼ばれるＬＳＩ製造技術のドライバ役を担ってきていること、その生産量は(11.1)に示したＭＯＳメモリの半分程度を占めていること、などから伺い知ることができる。

　　　　メモリは図12-1に示されるような種類に分類される。まず、どの番地の内容でも同じ時間内に読み出せるＲＡＭ(Random Access Memory)と、磁気テープなどと同様に連続した記憶内容を順番にしか読み出せない(そのため番地によっては読み出しに時間が掛かる)シーケンシャルメモリＳＡＭ、そして機能メモリに分類できる。機能メモリは例えば、画像メモリのように特殊な用途のために作られたメモリである。画像メモリでは、例えば高速のシーケンシャルデータとランダムアクセスデータの2つの入出力ポートを持っており、シーケンシャルポートからの出力で画面を維持しながら、ランダムアクセルポートからその一部分を書き換えるような動作が可能である。

ＲＡＭには書き込みと読み出しが高速に行えるＲＡＭ（本当はＲＷＭ(Read Write Memory)と呼ぶのが正しいが、ＲＡＭと呼ぶようになってしまった）と、読み出しはＲＡＭ同様高速だが、書き込みには特別な手続きが必要なため時間がかかるＲＯＭ(Read Only Memory)に分類できる。ＲＡＭには動作方式の違いにより、ＲＯＭには書き込み方式の違いによりそれぞれ図12-1に示すような種類がある。

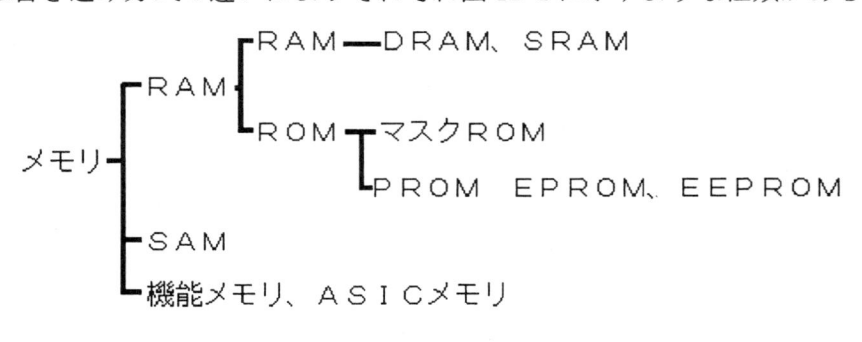

```
                    ┌RAM──DRAM、SRAM
            ┌RAM┤
            │      └ROM┬マスクROM
メモリ─┤              └PROM EPROM、EEPROM
            ├SAM
            └機能メモリ、ＡＳＩＣメモリ
```

図12-1「メモリの分類」

ＲＡＭの基本的な機能は指定されたアドレスに相当した部分に"1"、"0"情報の書き込み、記憶、読み出しができることである。この機能を実現するため、ＲＡＭの基本的な構成は図12-2のようになっている。メモリセルと呼ばれる1ビット分の記憶回路を行列状に配置して、選択した行と列の交点のメモリセルに対し情報を出し入れできる。このような構成によって、どのメモリセルに対しても同じ時間で書き込みと読み出しができる。

　ＲＡＭの性能としてのは「集積度」と「動作速度」が重要である。動作速度としては通常アクセス時間と呼ばれる、アドレスを入れてからデータが読み出されるまでの時間が使われる。集積ビット数とアクセス時間を用いてＲＡＭを分類したものを図12-3に示す。高集積にはＤＲＡＭが、高速にはＳＲＡＭ、それもバイポーラが適している。メモリの中ではＭＯＳＤＲＡＭの生産量がもっとも大きいことから、高集積、低価格なメモリの需要が高いことがわかる。コストが掛かってもスピードや使いやすさが必要な用途にのみ、高価な各種ＳＲＡＭが使われている。

　メモリＬＳＩの性能を考える場合にはその物理的な構造と製造方法が非常に重要である。設計が比較的容易で量産が可能なことから、徹底的に低コストになるように、製造方法まで含めた最適化が行われているからである。

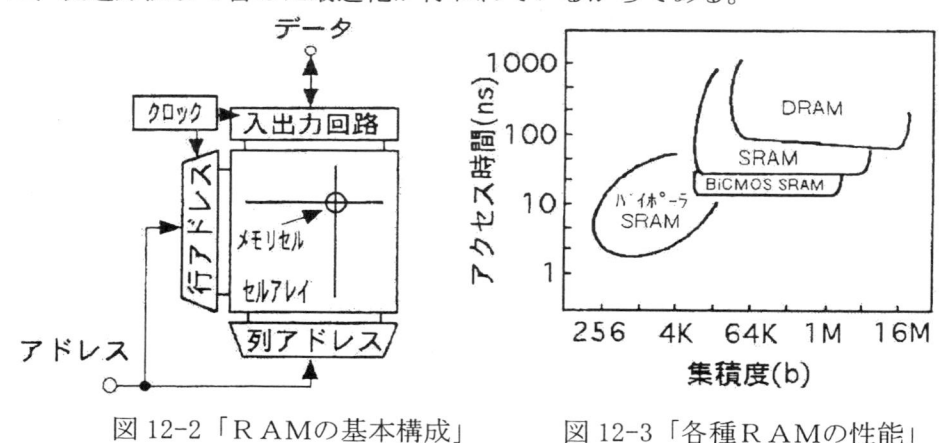

図12-2「ＲＡＭの基本構成」　　図12-3「各種ＲＡＭの性能」

(12.2) ＤＲＡＭ

　図12-4に1ビット分の情報を貯蔵するために使われるＤＲＡＭセルの構造を示す。このＤＲＡＭセルは1トランジスタ型メモリセルと呼ばれ、ＭＯＳＦＥＴと容量間の節点（以下記憶電極と呼ぶ）を"1"、"0"に対応した2通りの電圧状態に保つことによって、2進情報を記憶する。このことは、関係式 $Q_S = C_S V_S$ を通して、記憶電極に2進情報に対応した2通りの電荷量を貯蔵することに対応する。こ

こで Q_S、C_S、V_S はそれぞれ記憶電極の貯蔵電荷量、容量値、電圧である。書き込み動作は、ビット線、ＭＯＳＦＥＴを通して記憶電極の電圧を設定することである。読み出し動作は、ＭＯＳＦＥＴを通して前記貯蔵電荷をビット線に吐き出し、そのときのビット線電圧の変化を検知することである。このようにＤＲＡＭセルは、構造、動作共に単純であるため、小面積化が容易で作りやすいという特徴を持つ。

読み出し時のビット線電圧の変化 ΔV_O は、"0"貯蔵時の記憶電極電位 V_S "0" と "1" 貯蔵時のそれ V_S "1" の差を ΔV_S とすると、

$$\Delta V_O = \frac{C_S \Delta V_S}{C_S + C_B} \tag{12-1}$$

と表わされる。記憶電極電位 V_S は書き込み時から読み出し時の間に各種洩れ電流の影響で変化する。ＤＲＡＭでは、この電位変化による誤動作を防ぐため、定期的に読み出し・書き込みを繰り返す、リフレッシュと呼ばれる動作が行なわれる。ΔV_S をセンスアンプの感度以上の大きい値にするためには、容量 C_S を大きくし、各種洩れ電流を小さくすることが必要である。このことを実現し、かつＤＲＡＭセルを小面積にするため、その構造は他のＬＳＩと比較すると特異なものになっている。図12-4(b)のデバイス構造では容量を形成するために２層のポリシリコンを使う構造が使われている。

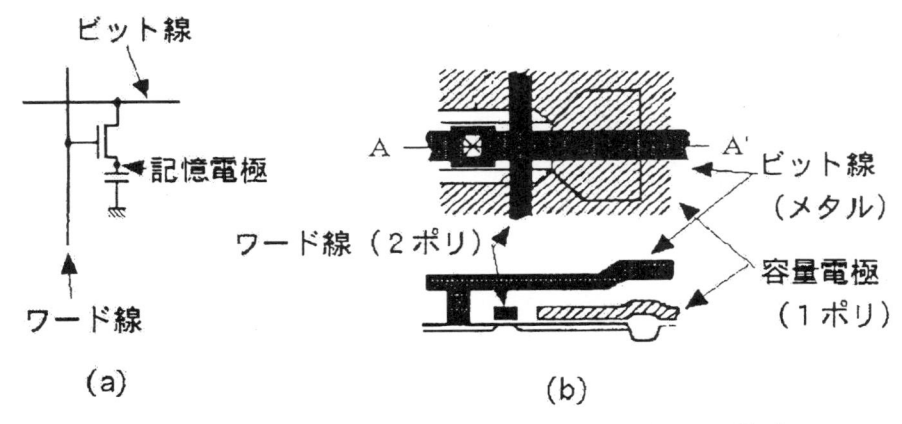

図12-4「ＤＲＡＭセルの(a)回路構造と(b)デバイス構造」

チップとしての動作はかなり複雑である。読み出し動作は例えば次のようになる。(1)チップ外部から活性化させるクロックを与える、(2)アドレスに対応する２進数を入力する、(3)アドレスの上位ビット半分に対応するワード線を選択し、それにつながる全メモリセルの内容をセンスアンプまで読み出す、(4)その中からアドレスの下位ビット半分に対応する１ビットだけを出力する、(5)センスアンプまで読み出した内容を増幅してメモリセルに書き戻す。一方、書き込み動作も同様のサイクルで行われ、上記(4)の部分でセンスアンプの内容を書き換え、(5)の再書き込み動作でメモリセルに情報を書き込む。

　　　　　リフレッシュ動作は上記動作のうち(4)を除いたものである。リフレッシュは定期的に全ワード線に対して実施される必要があり、その最中には読み出しや書き込み動作をしても待たされることになる。リフレッシュの間隔はメモリセルの貯蔵電荷が洩れ電流で失われる平均時間（通常秒オーダ以上）から温度上昇や洩れ電流のばらつきを考慮して安全を見込んだ値（10^{-2} 秒オーダ）に設定される。一方、読み出しや書き込みに必要なサイクル時間は（10^{-7} 秒オーダ）であるから、ワード線が 103 本あったとしてもリフレッシュで待たされる確率は 1/100 のオーダである。例えば 1 M ビット DRAM で、8ms の間に 512 本のワード線を 200ns サイクルでリフレッシュしたとする。この場合、リフレッシュで待たされる確率は約 1/80 である。

　　　　　メモリのパッケージコストとそれをボードに実装する場合の集積度にとって、メモリチップの入出力ピン数は重要な量である。ピン数が少ない方が、安くて小さいパッケージに収めることができ、その結果ボードにより多くのビットを実装できるからである。上記のＤＲＡＭの読み出し動作の場合、アドレスは一度に全ビット揃う必要はなく、上位と下位の半分のビットずつ入力しても構わない。このことを利用して、ＤＲＡＭではアドレスを２度に分けて入力する「アドレスマルチプレックス」と呼ばれる方式が取られる。この場合アドレスピン数を半分に減らすことができる。同様に１度に入出力するデータ数を少なくする方がピン数を減らすことができる。例えば１Ｍビットメモリの場合、1M ワード×1 ビット構成の方が 128K ワード×8 ビット構成よりもピン数が少ない。そのため、低コストＤＲＡＭは×1 ビット構成になることが多い。

(12-3) ＳＲＡＭ

　　　　図 12-5 にＳＲＡＭ(Static RAM)セルの回路構造およびレイアウトの例を示す。ＳＲＡＭセルの回路構造はフリップフロップ型の双安定回路に入出力用の伝達ゲートを付け加えたものである。合計６素子で構成されるため、２素子で構成される１トランジスタセルと比較すると占有面積が４倍程度大きくなる。ＣＭＯＳセルでは、記憶電極がオン状態のＭＯＳＦＥＴを通して電源につながっているため安定であり、貫通電流がないため情報保持時の消費電流が極めて小さいという特長を持つ。しかし、必要な６素子全部を平面に展開する必要があるため占有面積が大きい。抵抗負荷形セルでは、同図(c)に示されるように、高抵抗ポリシリコンをＭＯＳＦＥＴの上部に積み重ねるように形成することにより、占有面積を小さくできる。しかし、片側のインバータには常に電流が流れるため、ＣＭＯＳセルと比べると消費電流が大きい。それを抑えるためにはポリシリコン抵抗の値を大きくする必要があるが、それを大きくすると記憶電極が浮いた状態に近くなるため、雑音耐性が低下

するなどの問題が重大になる。

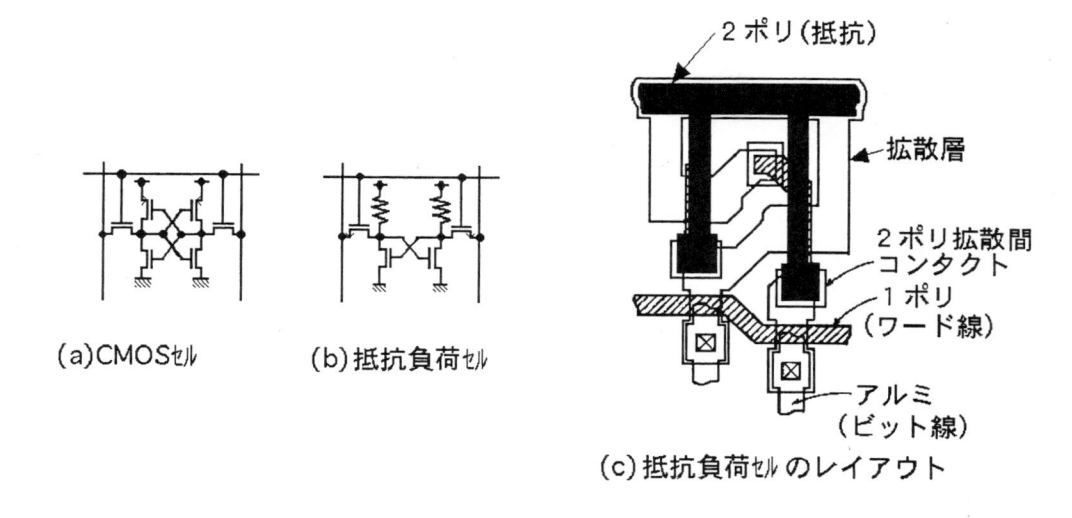

図12-5「SRAMセルの構造」

　　　SRAMセルからの読み出しは、オン側のスイッチングトランジスタによってビット線の電荷を引き込み、その電位が低下するをの感知することによって行う。そのため、それは貯蔵情報を壊さない「非破壊読み出し」であり、DRAMセルの様な再書き込みは不要である。また、対になったビット線からの信号を差動増幅することができるため、高速の連続読み出しが可能である。書き込みはフリップフロップを反転させることであるから、それを保存する読み出しとは異なる動作が必要である。両者を安定に行うためには、セルのスイッチングトランジスタと転送ゲートのトランジスタのゲインの設計が重要になる。通常両者のゲインの比は2～3:1である。

　　　SRAMではDRAMのようにクロックの入力によって一連の動作が始まるのではなく、チップの選択を示す信号（CS）が入っているならば、アドレスの変化に伴って次々にそのアドレスに対応するメモリセルに対してデータを入出力できる。そのため、選択されたSRAMチップは常にアドレスの変化を監視する動作状態にあり、いつでも応答する。このことはクロックで同期して入出力動作をするDRAMとは対照的である。SRAMに必要な入出力信号は上記CSの他に、書き込み動作か読み出し動作かを区別する信号（WE）とアドレスとデータである。

(12-4) ROM

　　　ROM(Read Only Memory)は電源をオフにしても情報が失われない「不揮発性」を持つものの、書き込み動作がRAMのように高速にはできない、読み出し

専用のメモリである。ＲＯＭには、ビット単価は安いが製造時に使うマスクのパターンとして情報を書き込むために書き換えができない「マスクＲＯＭ」と、完成後使用者が情報を電気的に書き込みできる「ＰＲＯＭ(Programmable ROM)」に分類でき、後者はさらに電気的に消去できるもの、紫外線で消去するもの、消去できないものに分類できる。

　　　　マスクＲＯＭはマスクを用いてデータを書き込む。例えばゲートをワード線、ドレインをビット線、ソースを共通の接地線に接続したＭＯＳＦＥＴを行列状に配置したものを考える。そのＭＯＳＦＥＴを作る場合のマスクからコンタクト、拡散層あるいはイオン注入など、どれか１つのパターンを除くとＭＯＳＦＥＴは導通しなくなるかあるいはしきい値電圧が他と違う値になる。この導通の有無やしきい値電圧の違いを貯蔵した２進情報に対応しようというのがマスクＲＯＭである。ＭＯＳＦＥＴ一つ分の面積に１ビットの情報を貯蔵できるのでもっとも高集積なメモリである。一方、貯蔵すべき情報はメモリを作る前にマスク上に書き込まなければならないから、メモリの内容を修正するためには設計からやり直す必要があり、容易でない。

　　　　マスクＲＯＭのセル面積は、複数のＭＯＳＦＥＴを直列につないだＮＡＮＤ構成を用いることにより、さらに小さくできる。複数のＭＯＳＦＥＴでソースドレインを共有するため、その分小さくできるのである。その他、メモリセルに使うデバイスとしてＭＯＳＦＥＴの他にダイオードを使う例など、いろいろな構造が考えられている。

　　　　ＰＲＯＭはチップ完成後にその使用者が使用現場（フィールド）で情報を書き込むことのできるＲＯＭである。通常はＲＯＭライタと呼ばれる装置を使って、読み出し時よりも高電圧を加えて書き込む。メモリセルとしては次に述べるＥＰＲＯＭと同じフローティングゲートＭＯＳＦＥＴを用いたものあるいはセル内にヒューズを持つものなどがある。

ＥＰＲＯＭ(Erasable PROM)セルとしては、図12-6(a)に示すようなフローティングゲートＭＯＳＦＥＴで構成されるものが一般的である。コントロールゲートをゲート電極としたこのＭＯＳＦＥＴのしきい値電圧は、フローティングゲートに電子を注入したか否かによって変化する。このしきい値電圧の違いを２進情報の貯蔵に利用する。電子の注入時にはＭＯＳＦＥＴのドレイン近傍でアバランシェ降伏を起こし、それで発生したホット電子が酸化膜を通ってフローティングゲートに入ることを利用する。１つのＭＯＳＦＥＴに１ビットの情報を貯蔵できるものの、ＭＯＳＦＥＴの構造が少し複雑なこと、書き込み動作のために１セル当たりワード線とビット線が１本ずつ必要なことから、マスクＲＯＭほど高集積ではない。書き込んだ

情報を消去する1つの方法として、紫外線を照射しそれで励起された電子がフローティングゲートから出ていくことを利用するものがある。この場合、一度に全メモリセルの記憶情報を消去できるが、ＥＰＲＯＭのパッケージに高価な石英（紫外線の吸収が少ない）を使う必要がある。そのため、消去しないことを前提にして、高価な石英の変わりに安いプラスチックパッケージに封入したＯＴＰＲＯＭ（One-Time PROM）もある。

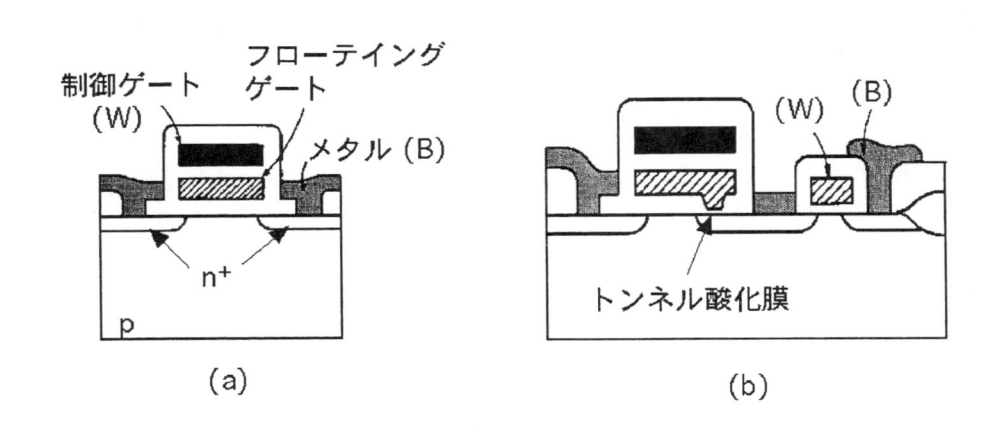

図12-6「(a)ＥＰＲＯＭセルと(b)ＥＥＰＲＯＭセル構造」

　　ＥＥＰＲＯＭ(Electrically Erasable PROM)は電気的に消去可能なＥＰＲＯＭである。メモリセル構造としては、上記フローティングゲートＭＯＳＦＥＴにトンネル効果で電子を引き抜くための薄い絶縁膜を備えたもの（図12-6(b)）と、特殊なゲート絶縁膜を持つＭＯＳＦＥＴを使ったものがある。後者の例として例えば、ＭＮＯＳと呼ばれるゲート絶縁膜に酸化シリコン膜と窒化シリコン膜の2層膜を使用したものがある。この場合には両絶縁膜の境界近辺に形成される電荷捕獲準位に、トンネル効果でゲート絶縁膜を通して電子を出し入れして、書き込みと消去を行う。メモリセル単位での書き込み消去をするためには、図12-6(b)のように、選択用のＭＯＳＦＥＴを追加する必要があり、占有面積が大きい。一方、ブロック単位で電気的に消去する方式をフローティングゲートＭＯＳＦＥＴに応用すると選択用ＭＯＳＦＥＴが不要になることから、それを利用したフラッシュＥＥＰＲＯＭというものも提案され、使われている。

(12-5)セミカスタムＬＳＩ

　　製造工程の一部分をある特定の目的に合う仕様に専用設計され、残りは多

くの目的に対して共通の仕様に設計されたものをセミカスタム(semi-custom)ＬＳＩと呼ぶ。メモリやマイクロプロセッサのように、全てをある特定の仕様に合わせて設計されたフルカスタムＬＳＩと区別される。一般にカスタムＬＳＩは需要の大きい標準品であり、それにとっては「低製造コスト」や「高性能」という性質が重要である。そのため通常のカスタムＬＳＩでは、汎用的な仕様が採用され、デバイス構造や製造方法まで含めた徹底的な合理化、最適化が行われる。一方、セミカスタムＬＳＩは需要の小さい特定用途品であり、それにとっては「短開発期間」や「設計の容易さ」という性質が重要である。セミカスタムＬＳＩとしては以下に説明するＰＬＡ、ＦＰＧＡ、ゲートアレイ、スタンダードセルなどがある。

「ＡＮＤとＯＲの組み合わせで全ての組み合わせ論理回路を実現できる」ことを利用して、図 12-7 に示すように、入力信号に対して２段の論理演算ができるようにトランジスタを行列状に並べたものがＰＬＡ(Programmable Logic Array)である。マスクＲＯＭのようにトランジスタの有無をマスクで決めるものと、チップ完成後に外部からプログラムできるものがある。どちらもマスクＲＯＭ、ＰＲＯＭ同様に短期間で開発ができるものの、使わない部分が残ったりして最適なものではない。実はＲＯＭも、デコーダ部をＡＮＤアレイで、メモリ部をＯＲアレイと考えれば、ＰＬＡと同じと考えることができる。その場合、ＰＬＡがＡＮＤ－ＯＲ形式の組合せ回路として実現するものを、ＲＯＭは真理値表として実現していると考えられる。小規模な論理回路の場合にはＰＬＡの方が使いやすい。

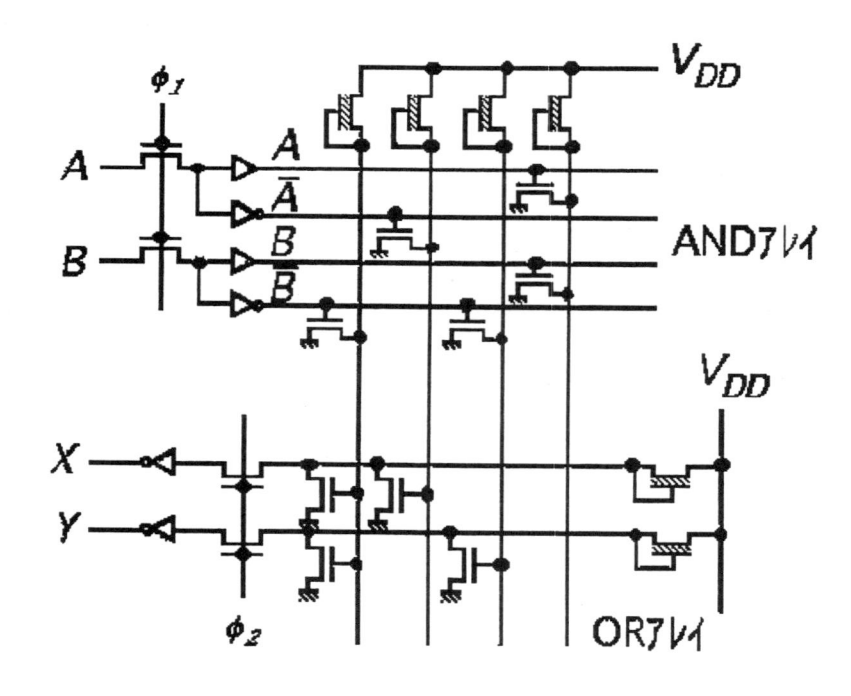

図 12-7 「ＰＬＡの回路構造」

　　　　ＰＬＡは組合せ回路を構成するのに便利であるが、順序回路を含む場合にはハードウエアの量が多くなって、効率的ではない。そこでＰＬＡとフリップフロップを組合せてブロックを作り、それを多く配列したものが作られている。それがＰＧＡ(Programmable Gate Array)である。Ｆ(Field)ＰＬＡ、ＦＰＧＡは使用者が現場（フィールド）でプログラムできるようにしたものである。プログラム素子としては、ヒューズ、ＥＰＲＯＭセル、ＥＥＰＲＯＭセル、ＳＲＡＭセルなどを使う。ＳＲＡＭセル以外は不揮発性メモリセルであるから、一度プログラムすれば電源を切ってもその機能を持ったＬＳＩとして動作する。さらにＥＰＲＯＭセル、ＥＥＰＲＯＭセルでは、設計ミスがあってもプログラムのやり直しが可能であるので、ＴＡＴ(Turn-Around Time)を短くできる。

　　　　ＣＭＯＳの２入力ＮＡＮＤや２入力ＮＯＲゲートは２つずつのｎ／ｐＭＯＳＦＥＴで構成される。そのようなＭＯＳＦＥＴを規則的に配置し、さらに配線領域を設けて、アレイ状に並べてものをゲートアレイ(Gate Array)と呼ぶ。コンタクトを作る前まで作ったウエハを在庫しておいて、回路設計ができたらそれに合わせた結線レイアウトを用いてコンタクト以後を作ることによって短ＴＡＴで作ることができる。

　　　　スタンダードセル(Standard Cell)は高さ、電源線や信号線の位置を決められたルールで設計したブロックを組合せたものである。ゲートアレイよりもブロック内の回路構成の自由度が高くより最適の回路を設計できる、セル単位で容易に入れ替えが可能であり、一度設計したブロックを何度も使えるなどの特長を持つ。しかし、ＭＯＳＦＥＴの位置や寸法が自由な分、マスクが変わる度に始めから製造する必要があるため、製造プロセスは短くならない。

(12-6)演習問題

[1] ＴＴＬのトランジスタのベース・コレクタ（Ｂ→Ｃ）間にショットキダイオードを挿入したものをＬＳＴＴＬ(Low power Schottky clamped TTL)と呼ぶ。ショットキダイオードはバイポーラトランジスタが強く飽和するのを防ぐために挿入されている。それがどのように働くかを説明せよ。

[2] １ＭＤＲＡＭに必要なピンとしてどんなものがあるか、思いつくものを挙げよ。

[3] ＤＲＡＭセルに"1"、"0"を書き込み、それを読み出した時の信号電圧を計算せよ。ただし、ＭＯＳＦＥＴのしきい値電圧 $V_{TH}=1V$、セル容量 $C_S=30fF$、ビット線容量 $C_B=270fF$、書き込み時のビット線電圧 $V_B"1"=5V$、$V_B"0"=0V$、読み出し時のビット線電圧 $V_{Bread}=2V$、保持および読み書き時のワード線電圧 V_W

＝0 and 5V とする。

[4] nＭＯＳＦＥＴの各部の電圧が以下のような場合、その動作状態を答えよ。ただし、しきい値電圧を 1V と仮定する。
  ① V_G＝5V、V_D＝1V、V_{SUB}＝0V
  ② V_G＝2V、V_D＝5V、V_{SUB}＝0V
  ③ V_G＝2V、V_D＝1V、V_{SUB}＝2V
  ④ V_G＝5V、V_D＝1V、V_{SUB}＝-2V

[5] ｐＭＯＳＦＥＴの場合について同様にその動作状態を答えよ。ただし、しきい値電圧を -1V 、V_S＝5V と仮定する。
  ① V_G＝0V、V_D＝4V、V_{SUB}＝5V
  ② V_G＝3V、V_D＝0V、V_{SUB}＝5V
  ③ V_G＝3V、V_D＝4V、V_{SUB}＝3V
  ④ V_G＝0V、V_D＝4V、V_{SUB}＝7V

定数表

名称	記号	値と単位
電気素量	q	1.602×10^{-19} [C]
真空中の光速	c	2.998×10^{10} [cm.s^{-1}]
ボルツマン定数	k	1.381×10^{-23} [J.K^{-1}]
プランク定数	h	6.626×10^{-34} [J.s]
電子の静止質量	m_e	9.109×10^{-28} [g]
陽子の静止質量	m_p	1.673×10^{-24} [g]
アボガドロ数	N_A	6.022×10^{23} [mol^{-1}]
真空の誘電率	ε_0	8.854×10^{-14} [F.cm^{-1}]
熱電圧	kT/q	25.9 [mV] (T=300K)
シリコンの比誘電率	K_S	11.8
酸化シリコンの比誘電率	K_{OX}	3.9
窒化シリコンの比誘電率	K_{SiN}	6.9
シリコン中の電子の移動度	μ_e	約 1500 [cm^2.V^{-1}.s^{-1}]
シリコン中のホールの移動度	μ_h	約 600 [cm^2.V^{-1}.s^{-1}]
シリコンの真性キャリア濃度	n_i	1.45×10^{10} [cm^{-2}]
単位面積当たりの酸化膜容量	C_{OX}	3.45 [fF.μm^{-2}] (t_{OX}=10nm)
$C_{OX}=K_{OX}\varepsilon_0/t_{OX}$		t_{OX} は酸化膜厚
チャネルドープの効果	$q\Phi/C_{OX}$	46 [mV] (t_{OX}=10nm) ドース量 $\Phi=10^{11}$ [cm^{-2}] の時

片側アブラプト接合の空乏層幅

$$x_d = \sqrt{\frac{2K_S\varepsilon_0 V}{qN}}$$

アインシュタインの関係式

$$\mu = \frac{q}{kT}D$$

MOSFET の

電流電圧の式

$$I_{DS} = \begin{cases} 0 & (V_G < V_{TH}) \\ \beta\left\{(V_G - V_{TH})V_D - \frac{V_D^2}{2}\right\} & (0 \le V_G, V_D < V_G - V_{TH}) \\ \frac{\beta}{2}(V_G - V_{TH})^2 & (0 \le V_G, V_G - V_{TH} \le V_D) \end{cases}$$

$$\beta = \mu C_{OX} \frac{W}{L}$$

しきい値電圧の式

$$V_{TH} = \Phi_{MS} - \frac{Q_{SS}}{C_{OX}} + 2\phi_f + \frac{\sqrt{2K_S\varepsilon_0 qN_A(2\phi_f + |V_{SUB}|)}}{C_{OX}}$$

■著者紹介

寺田　和夫（てらだ　かずお）

昭和46年早大・理工・応用物理卒。昭和48年京大大学院・理・物理修士課程修了。同年日本電気入社。同社中央研究所、マイクロエレクトロニクス研究所にてシリコンMESFET、MOSFET、DRAMの研究開発に従事。平成6年広島市立大学・情報科学部教授。現在に至る。工学博士。電子情報通信学会、応用物理学会。

情報工学科学生のための
集積回路工学の基礎

1997年10月15日　初版第1刷発行
2004年10月10日　新版第1刷発行

■著　者──寺田　和夫
■発行者──佐藤　守
■発行所──株式会社大学教育出版
　　　　　〒700-0953　岡山市西市855-4
　　　　　電話(086)244-1268(代)　FAX(086)246-0294
■印刷所──サンコー印刷㈱
■製本所──日宝綜合製本㈱
■装　丁──ティーボーンデザイン事務所

ⓒKazuo Terada 1997, Printed in Japan
検印省略　　落丁・乱丁本はお取り替えいたします。
無断で本書の一部または全部を複写・複製することは禁じられています。

ISBN4-88730-593-1